为你钻取
智慧之火
Get the fire of wisdom for you

燧人氏 人文智慧译丛

SUI REN SHI

人类学家是做什么的

（奥）维罗妮卡·斯特朗　著

彭小晶　译

SPM

南方出版传媒

广东人民出版社

·广州·

图书在版编目（CIP）数据

人类学家是做什么的 /（奥）维罗妮卡・斯特朗著；彭小晶译. —广州：广东人民出版社，2019.8
ISBN 978-7-218-13723-0

Ⅰ.①人… Ⅱ.①维… ②彭… Ⅲ.①人类学—研究 Ⅳ.①Q98

中国版本图书馆CIP数据核字（2019）第145545号

RENLEI XUEJIA SHIZUO SHENGMEDE

人类学家是做什么的

（奥）维罗妮卡・斯特朗 著 彭小晶 译

版权所有 翻印必究

出 版 人：肖风华

选题策划：钟永宁 汪 泉
责任编辑：汪 泉
文字编辑：刘飞桐 于承州
装帧设计：八牛工作室
责任技编：周 杰

出版发行：广东人民出版社
地 址：广东省广州市海珠区新港西路204号2号楼（邮政编码：510300）
电 话：（020）85716809（总编室）
传 真：（020）85716872
网 址：http: //www.gdpph.com
印 刷：广东信源彩色印务有限公司
开 本：889毫米×1230毫米 1/32
印 张：10.625 **字 数**：140千
版 次：2019年8月第1版 2019年8月第1次印刷
定 价：56.00元

如发现印装质量问题，影响阅读，请与出版社（020-85716808）联系调换。
售书热线：（020）85716826

致 谢

本书的写作缘起于英国及英联邦社会人类学家协会（Association of Social Anthropologists of the UK and the Commonwealth，ASA）和英国皇家人类学学会（Royal Anthropological Institute，RAI）的执行委员会之间的讨论。这两家机构都观察到，由于很多学校未开设人类学课程，毕业生们对于人类学家能够从事什么工作便知之甚少，更不用说能有机会了解到学习人类学可以提供广泛而有趣（又切实可行）的职业选择。显然，很多潜在的研究使用者也同样不确定人类学到底能够提供什么。基于这些讨论，伯格出版社的常务董事，凯瑟琳·厄尔（Kathryn Earle），请我回顾“应用人类学”的文献，收集一些例子，并以一种年轻人能够接受的形式将其描述出来。结果证明这是一个非常有趣的项目，它使我发现了世界各地的同行在与我不同的研究领域中正在做些什么。我很感谢这次机会，还要感谢英国及英联邦社会人类学家协会和英国皇家人类学学会在本书写作过程中给予的支持。在发布我对研究信息的需求的过程中，我也得到了其他人类学协会和人类学期刊的大力帮助，我要感谢他们，尤其是那些讲述了自己生动的专业经历作为回应的世界各地的同行 。

也有一些非常好的教材旨在向人类学新生介绍这个学科并为毕业生提供职业指导意见。这些教材讲述了现已较为成熟的人类学的种种应用方式，还指向了一些新兴的应用领域。这些教材的作者使我受益良多，也希望本书能够为他们的工作提供一个铺路石。

很多人为这个项目提供了直接帮助。我特别要感谢我的研究助手米拉·泰茨（Mira Taitz），在收集人类学应用的多种例证中提供了很大的帮助；布鲁·鲍威尔（Blue Powell）承担了为文本绘制插画趣图这一富有挑战性的工作；阿兰·雅得利（Aran Yardley）和阿普丽尔-罗丝·格里尔斯（April-Rose Geers）做了为我检查终稿的“小白鼠”；还感谢花费时间来阅读并评议我的手稿的许多同事和匿名评审专家。最后，我想说的是，与伯格团队一起工作总是一如既往的愉快！

绪　论

人类学家是做什么的

人类学家是做什么的？这个问题对很多人来说有点神秘，主要出于这样两个原因：首先人类学家涉猎的领域广泛又多样，以至于对这个问题最精确的回答是“任何有关了解人类社会行为的事物都在其研究范围之内”。另一个原因是人们通常从文学作品、电影、电视中提取的关于人类学家的印象，这些作品总是倾向于塑造比较具有戏剧效果的刻板形象：他们是戴着遮阳帽的殖民时期的冒险家，与丛林中的隐蔽部落生活在一起（这也是刻板印象）；或者是为了打击犯罪的法医人类学家（而且通常是最后找到凶手的那个人）；又或者是留着胡子、穿着凉鞋配长袜，执迷于在人迹稀少的内陆地区，寻找可以让他欣喜若狂的邂逅[①]。

我的个人观点是我们需要质疑这些刻板印象，原因如下：首先，现实生活中的事实往往比虚构的作品更有趣；其次，在

① 肖尔（Shore1996）和马克克兰西（MacClancy2005）写作了关于媒体是如何描述人类学的相关资料。

一个比从前更为复杂的世界，人类学有着至关重要的贡献；再者，恰与刻板印象相反，人类学的专业训练其实可以被广泛应用到不同的行业中。所以本书的目的是描述人类学者实际上是做什么的，并且提供了来自各个领域的实例。本书并不是复杂的赘述，而是简明地介绍了人类学家所从事的工作种类，以及人类学工作者所面对的多元从业方向。

也许从讲述“人类学是什么”开始会比较有帮助①。最广义的定义是：人类学是一门社会科学，它研究人类群体及其行为：他们如何彼此互动以及他们如何与物质环境互动。大部分人类学家研究的是当代社会（或者其中的小群体），尽管在一些国家，人类学还包括考古学以及对过去的社会的研究②。它与一些相关的社会科学并驾齐驱，比如社会学（较倾向于定量研究）与心理学（更加关注个体）。

人类学自身是一门涵盖广泛的学科③，有着庞大的子学科领域：比如，社会人类学、文化人类学、政治人类学、经济人

① 有很多优秀的教材对“什么是人类学”提供了更多细节——如，埃里克森（Eriksen）的《什么是人类学？》（What is Anthropology？2004）和科尔曼（Coleman）和辛普森（Simpson）的《发现人类学》（Discovering Anthropology1998）（Hendry 1999，Metcalf 2005，Haviland et al. 2006）。

② 例如，在美国，考古学家认为自己的专业是人类学的一个分支，而在英国和欧洲，它们被认为是两个独立的（尽管也是密切相关的）学科领域。

③ 人类学有时被认为有两个主要领域：社会人类学和文化人类学。这两个领域的区别在不同国家间有所不同，这也反映了人类学这个学科随着时间推移发展的轨迹。

类学、宗教人类学、生物人类学、医学人类学，以及我自己的研究领域——环境人类学。它还包括一些与其他学科交叉而衍生的分支学科，比如发展学研究、社会政策研究、艺术与物质文化研究。只需概览本书的目录，感受其所展示的多样性，你就知道人类学也包括一些很小众，甚至很特殊的领域。

那么，是什么统领着人类学的多元性呢？人类学有几个关键特点：首先它具有整体性特征，将任何被研究的行为都置于它所在的社会与环境的背景之下，并结合考虑一系列的文化信仰，以及引导人们活动的文化实践。人类学的研究很大程度上是质性研究，承认大部分事物是不可测量的。它旨在“深入”与“深刻”，它要找出社会生活的表层之下的内在动力，使其浮出水面。它充分地关注人类“存在”的复杂性。

事实上，“人类学家所做的”就是试图理解和再现某种文化的现实，或一种亚文化的世界观。通过对文化背景的主要特征及基本原则的概述，帮助更好理解该文化背景下人们的行为。人类学家试图通过跨文化的沟通来实现上述目的，在那些持有完全不同信仰、价值观和行为方式的群体之间扮演相互沟通的桥梁。

为了撰写民族志，人类学研究通常需要与东道主群体或者被研究的社区一起合作。民族志可以被视为一个群体的肖像，以及这个群体的演化，通常以文本的形式呈现，也有一些人类学家会运用视觉媒体。大多数民族志都包括一套核心要素：这个群体的构成、他们的历史，以及人们在某种特殊环境下如何谋生、社会与政治制度，以及他们的信仰体系与价值观。一种想象这种民族志肖像的好方法是：人类学家正在研究的一个特殊问题被诉诸细节地呈现在台前，可恰恰是各种环境因素塑造了人们幕后的生活方式，这些环境因素作为解释性的背景也同样需要被呈现出来。

任何学科都离不开两个要素：理论与方法。民族志也是这两个要素的产物。同其他科学一样，多年来人类学也发展出了一套理论原则。作为与时俱进的跨国和跨文化科学“对话”的一部分，这些理论原则不断地向前发展，加深我们的理解。且与其他科学一样，人类学的基本特征是比较性，我们比较不同的社会文化群体、审视他们的异同，从而能够更广泛地研究人类以及人们所共有的行为模式的问题。

人类学理论曾被以不同的方式来形容，比如杰姆斯·皮考克（James Peacock 1986）形容人类学是帮助我们聚焦人类的生活“透镜”。而作为一个资深的潜水员，我更倾向于这样的理解：深度浸入式的民族志研究就好比是从水面以下来审视一切。人类学理论还被表述为一个做分析的“工具箱”。这也是一个比较好的类比，它强调了理论具有实用性的事实：一系列有价值的“思想工具”可以帮助我们打开人类行为的

“黑箱”。

当然，任何有意义的分析都需要数据。人类学从根本上来讲是具实证性的，它依赖田野调查“在野外”实地收集数据。让我针对另外一种刻板印象来澄清一下，“在野外”不一定指很远的地方，也不一定要在异地他乡。任何旅行过的人都有这样的体会：从接触（和比较）不同的生活视角来看，远离家乡当然很有裨益。但是高度多元的社会群体以及多元的文化思想也可以在一步之遥的地方被发现，对很多人类学家来讲，“田野”可以是自己的家，可以是特定的社区、亚文化群体，或是不同的组织与社交网络。

应用人类学

人类学家在他们的工作中得到不同方式的支持。有一些人类学家被大学聘用，因此工作就需要结合教学与研究这两种活动。这两种活动对大学而言都是非常重要的，所以很多大学希望他们的教师能够将时间均匀地分配在科研与教学上。但事实上，很多扎根于大学的人类学家往往在教学和行政工作上花的时间更多，但他们仍希望可以跟得上本学科领域的发展，并且从事一定量的研究。在高等教育中，科研与教学的关系通常是（也应该是）相辅相成的，一手的研究发现可以使课程内容更丰富。这使得学者所做的外部研究有了额外的应用，并且确保学生接受思路新颖、紧跟学科前沿的教学。

对于那些喜爱从事教学工作的，以及愿意承担相当量的大学生活所要求的行政工作的人类学家而言，一个机构内的职位会带来很多方面的优势。教学本身是非常有回报性的，一个好的科系，提供了富有活力又具支持性的学术环境，足够幸运的话还会碰到意气相投的同事；并且，他们还可能得到终身教职或长期的聘用合同，相比那些独立的职业路径，这会带来更大程度的安全感。大学经常给科研提供一些财政支持，或者至少有例行的休假，使他们得以全然投入研究活动，并且大学聘用的人类学家也要写研究计划来争取国内或者国际的资助机构的资金支持。很多国家有这样的研究委员会，此外，还存在许多其他国内或国际层面的资助机构，比如皇家人类学学会，或者维纳格林人类学基金会（其机构目标是支持本学科的原创性研究）。

有些扎根于大学的人类学家还承担着咨询工作，有些则将兼职教职与其他形式的就业结合起来，或者从事自由职业者式的研究。正如本书所阐明的案例分析，人类学家通常具备综合应用本专业技能的能力，因此也拥有很大的选择余地，可以依据自己的特定兴趣和偏好来决定自己的职业生涯。

虽然对于任何受过科学训练的人来说，从事教学工作是最常见的就业形式，但或许更多的人类学家要么从事全职研究，要么作为自由职业者而供职于政府部门、非政府机构、慈善机构、工厂、法定团体、原住民社区等。雇佣外部的学术团体虽然有的时候会降低安全性，但也有很多显著的优势：学者可以专注于研究（而不是花大部分的时间在教学和行政职责上），也有机会可以深入某一特定的感兴趣的领域，比如政治学、健康学、发展学，当然还包括摆脱了受机构雇佣的种种局限。

从事研究

人类学家虽要谋生，却更肩负责任，不仅是对雇主或是资助者的责任，也包括对人类学的学科责任，这包括捍卫职业标准、学术独立和伦理准则。伦理对于研究者与被研究的群体或社区来说都是核心（Caplan 2003，Fluehr-Lobban 2003）。职业人类学协会期望他的成员遵守细致而严格的行为准则，这确保了被研究的群体或社区愿意配合的兴趣在整个研究过程中是被小心保护的[①]。研究项目的设计因此就伴随两个问题："此项研究如何产出新的知识以回答一个特殊问题？"以及

---

① 人类学职业协会有详细的伦理道德指导方针，并会根据从业者从事的工作种类的变化定期更新。大部分大学也有严格的研究伦理准则，满足这些要求是每一项研究活动的必要的先决条件。职业准则和机构准则都要求社会科学研究者们尽力保证自己对各种群体的研究是互利的。这些准则为一些问题提供了指引，如取得进行研究的许可，就研究的设计咨询研究对象，必要时对数据保密，保证提供数据的人能够查看到研究发现。准则也覆盖了一些更复杂的问题，例如有关知识产权的问题。协会的伦理准则在它们的网站上可以查看到，本书的附录中也列出了其中的一部分。

“它如何使得被研究的东道主群体和社会从整体上受益？”在很多案例中，研究设计从一开始就会涉及东道主群体。直到最后，整个过程都牵涉到征询他们的许可。

很多人类学家都与社区维持长期关系，定期回到东道主社区来延展他们早先的研究，或者再做一些新的研究项目。除了研究者能够发展出与个人、群体具有产出性的合作以外，这些长期关系也允许在累积的背景性民族志数据基础之上开展一些短期研究项目。在许多专业领域，研究经费的实际情况不允许将大量的时间用于田野调查，人类学家的研究必须建立在过去（或他人）掌握的数据和经验的基础上。尽管如此，他们主要的目标仍然是构建尽可能完整的图景，因此研究问题总是被赋予一个民族志的背景，这将有助于解释正在发生的事情。

人类学家倾向于收集大量的数据，正是这种细致入微的深度和细节为他们的分析提供了强有力的基础。初步的文献综述可能仅需数周的时间，而实地考察通常需要六个月到一年的时间。从某种意义上说，人类学是社会科学的“慢食”，因为它往往是相当艰苦的，不可能立马被“消化干净”。幸运的是，这种非常彻底的意愿通常会得到回报，为人类行为提供真实而有用的洞见。

民族志数据的收集方式多种多样。核心方法是“参与性观察”，顾名思义，它包括参与东道主社区的日常生活，并仔细

观察和记录事件。其他主要的方法是对个人和群体进行访谈，这通常意味着长时间的深入访谈与较短的随机访谈的混合应用。面谈可以是结构化的（有一个具体的问题列表要探讨），也可以是更具探索性和非结构化的。民族志学者经常会多次采访人们，花很多时间和他们在一起，尤其是与那些愿意在研究中合作的东道主群体的成员。

田野调查之后就是分析过程，这意味着连贯地组织数据，并运用理论来解释出现的图景。这也可能需要一段时间：需要思考大量数据，而且没有简单的答案。人类是复杂的生物，虽然生物和生态因素可能发挥作用，但社会和文化的复杂性使得人类行为极为复杂。构建一个好的民族志叙述的技巧在于将问题进行简洁凝练但不至于过分简化以致使它们失去意义，并且留有足够的解释性背景，以便有可能发现一致的模式，来理解正在发生的事情，因此实用而有益的洞见，可以应用于人们所面临的问题和挑战。

许多人认为人类学的研究可以分为“应用型”工作（通常指在学术领域之外具有预期的实际成果的研究）和“理论型”工作（通常被设想为是发生在大学的象牙塔里）。各种各样的“应用人类学家”协会，对那些从事自由职业或所就职的机构里没有很多人类学同事的从业者会非常有帮助和支持。然而，尽管这种应用、理论二分法是一种功能上的简化，但它却有一点误导性。它助长了这样两种假设，即象牙塔里的研究和理论发展比较排外且不太实用；而在其他地方工作的人类学家在某种程度上就会游离出该学科的主体部分。

我个人的观点是，这两种假设都不正确。好的“应用型”研究，无论基于何处，都需要一个强有力的理论框架和一个严谨的“学术性”方法，而理论的发展也依赖于从实证数据中收集的信息和田野经验。以草根阶层为焦点，直接介入人类社区，使得人类学研究非常有根据而理性。因此，无论研究的问题看起来多么深奥难懂，理解“人们为什么要行其所行”总是有一定的实用价值，甚至是看似抽象的研究也会催生新的想法，并提出新的理论，如果这些理论足够稳健，就会通过更广泛的讨论，渗透到实践中去。

从本质上讲，人类学研究的过程需要以下步骤（尽管这一顺序可能被灵活调整，且其中存在着许多反馈回路和潜在的支线与变数）

■ 设计：概括研究问题和研究目标。

■ 寻求基金：撰写资助项目申请书。

■ 回顾：查阅理论和民族志文献，看看迄今为止在此主题上已经有过些什么研究。

■ 定义和细化：确定项目目标和假设。

■ 进行民族志田野调查：收集数据，例如，通过参与观察或访谈进行数据收集（一些初步的田野调查通常是在较早的阶段进行）。

■ 分析数据：通过人类学理论的“透镜”来解释数据所描述的图景，验证假设。

■ 发现答案：从研究中得出结论。

■ 发布研究结论：撰写文本，作报告，制作影像资料，或者其他形式的产出，比如展览。

■ 参与国际对话：对研究课题进行更广泛的讨论，加入新的内容，促进理论发展。

也还经常：

■ 提出建议：给政策与决策制定者、研究的使用者提供建议。

■ 后续工作：协助研究发现的应用。

■ 评估：对应用效果做进一步研究。

正如以上清单所示，人类学研究的结果产出有两个潜在的方向：在学科内面向理论发展，对于研究使用者则旨在提供实用性的建议。它还阐明了理论和实践之间重要的反馈关系，强调了“理论型”工作和“应用型”工作之间的人为划分。

这一人为的划分也同样定义了人们的职业身分。正如前文所指出的，人类学家的职业经常涉及教学、大学职位以及与其他角色的结合。许多有研究兴趣的人类学家从事着那些远离象牙塔的工作。通常，人类学家的网站或出版物列表（包括那些在大学网页上找到的）描述了一系列的工作，其中一些可以很明确地归类为“应用型”，而另一些则更明显地侧重于对理论辩论的贡献。它们还揭示了一种非同寻常的兴趣多样性：一种调查一系列有趣问题的职业，这些问题都与在相当不同的群体中的人类行为有关。

人类学不仅令人着迷，更是让人欲罢不能。很多人起初只是进行了一点简单的研究，但最后发现他们都想继续下去。在世界各地做了十多年自由撰稿人和研究员之后，我在澳大利亚内陆度过的一段时间引发了我的兴趣，于是我花了一年时间攻读人类学硕士课程。继而，在一个博士学位，几个教学职位和无数的研究项目之后，人类学于我产生了无限的吸引力。

这引出了一个问题，即为什么没有更多的人来从事人类学。毕竟，有很多灵魂有着无可救药的好奇心，有着能够与不同文化和意识来共事的灵活性，有着足够的耐心可以做深度研究。其中一个主要障碍是，人类学并非学校普遍开设的课程，所以很多人根本接触不到这门学科[①]。这使得他们带着仅有的刻板印象来思考，而这些刻板印象带来的一大问题（除了它们是不准确和过时的事实之外）在于，它们似乎既没有指向人类学的潜在职业前景，也没有指向人类学研究的许多实际用途。

这本书试图展示的是人类学可以带来的广泛职业选择，同时还具有多元的潜在应用性。我把材料分成几个宽泛的领域，但只是比较大致的划分，有一些领域间存在重合或交叉。然而，在每个领域，人类学的目标仍然是不变的：获得对一个特定社会现实，及它的信仰价值和行为的真正理解，并能把这种理解进行跨文化和亚文化边界的联通。

---

① 教育者们对于在中学阶段就向学生介绍人类学的可能性已经有长久的讨论。目前，人类学已经以各种形式出现学校中，如“社会学习”等。就在本书写作时，在英国已经有将人类学正式引入课程的行动。

目　录

第一章 人类学与倡导[1]

人类正在地球村里随意交流，总是有一点隔膜，作为文化与文化间的“翻译”——人类学家，正奔走在地球的各个角落，哪怕这些角落多么偏僻。

平衡行为

人类学家所做的很多工作都涉及扮演一个文化译者的角色：在不同的社会之间或者在持有完全相异世界观的特殊社会群体之间搭建起桥梁。能够理解不同的观点且以一种不加评判的方式来翻译和传达思想，这是他们所受的一项非常关键的训练。能够做到如此是基于将严谨深入的研究和理论框架结合起来，使得人类学研究者能够回过头来分析和思考当时的情形。在很多情形中，如果研究者作

① Advocacy在英文中意为“公开支持（support in public）”，所以在一些法律情境中被译为“辩护”，在一些学术情境中译为“倡导”，在一些媒体情境中被译为“呼吁”或者“倡议”。在此章节中见到这几个不同的中文词汇，在英文中都对应的是“advocacy”这一个词。属于英译汉中的“一对多”类型，即一个英文词汇对应多个汉语词汇。（译者注）

为观察者（而非参与者），立场中立但富有同情心，能够不辞劳烦地积累对各种人群的生活复杂性的认知。这样的一类研究者就可以极大地促进跨文化交流。科学中立在法律情境中尤为重要，法院和法庭依赖公正无私的专家证人的证词来提供证据，但是在很多情形里，不同的文化信仰、价值观和习俗相互冲突，紧张的关系也由此而起。举例来讲，人类学家的“翻译”技巧可以用于解决宗教团体间的冲突，可以用于调停那些为了遗址或国家公园而竞争的组织，或者用于协助法人团体与政府代理机构间的对话。

对一些实践者来说，倡导（advocacy）是与东道主社区长期工作关系的逻辑延伸。毕竟，按常理来说，对东道主社区居民的关切没有同情心的话，是无法与其密切合作的。甚至在二十世纪初，当勃洛尼斯拉夫·马林诺夫斯基（Bronislaw Malinowski）率先将田野调查的方法建构为人类学研究核心方法时，他指出“身为一个科学的卫道士，若会充分同情受压迫的民族或者被剥夺了基本权利的民族，那么这个人类学家就会要求人人平等、每一个族群和民族都应该享有充分的文化独立”（Hedican 1995: 45）。践行着这样的观点，马林诺夫斯基向澳大利亚政府为西太平洋劳动条件的问题提供了佐证，并批评殖民政府占用原住民土地、漠视他们的习俗。“马林诺夫斯基，因此在人类学这门学科的初期就奠定了倡导性角色的基础（Hedican 1995: 45）。”

> 与特定群体持续性地接触，使得民族志撰写者无可避免地卷入因民族、宗教、国家、国际利益等问题的矛盾而激起的纷争中。这个职业的非学术层面的义务在土著族群的人权方面尤为显著。澳大利亚、加拿大、巴西和很多拉美国家对民族志学者的工作给予了很大的重视。无论是国家还是民众，都因这些专家的人类学知识而认可他们，但是，也许更明确地说，是因为研究者和被研究者之间延伸出的共谋性（complicity），这种共谋性来源于分享了土著人在不同族群间生活所经历的兴衰变迁。（Ramos 2004: 57–58）

人类学家一方面要“尽可能争取科学的‘公正性’（认识到所有科学活动都包含着价值选择）”，另一方面要“作为他们合作的群体的直接辩护者，扮演更多有立场的党派性角色”。人类学家不得不时刻在由这两端构成的连续统一体（continuum）上对自己的定位做精准的判断。关于如何建立与东道主社区和其他研究使用者的关系，以及直接的辩护与倡导（direct advocacy）可能会损害感知上的科学中立性权威（科学权威本身在帮助人们方面就非常有效），在这一学科中一直存在着许多争论。

与人共事的伦理，要求研究者不论面对哪种对象，不论在何处，至少“不妨害”他们。正如引言中所指出的，许多人类学家认为这应该更进一步，他们认为研究不应该是一条“单行道”，只让资助机构或社会科学家受益，而应该体现一种互惠关系，在这种关系中，相关群体也会受益。这种益处也许在于研究的有用性而非人类学家对群体的直接倡导，但是互惠原则现在已经很好地嵌入指导这一学科的伦理准则中，并且许多当代人类学研究是基于与东道国社区合作的原则展开的。

事实上，每一个人类学家必须决定如何做严谨又有用的研究，而且要达到伦理和道德的要求。人类学家不仅是社会科学家，他们也是个体，有着自己的价值观、政治信仰，他们往往是因为觉得选择做这种工作可以产生影响。“倡导，在选择研究论题时，经常是有情感倾向又非常个人化的”（Ervin 2005: 151）。人类学也因此使其实践者不仅顺着他们的好奇而探究人们为什么行其所为，并且用科学术语来揭示这一切，而且在他们关心的事件上还可以采取社会行动，给他们工作的东道主社区提供实际的帮助。

人类学家在逐渐被牵涉进人们生活的过程中，会履行很多种社区服务，并且往往是非正式的。比如米特其·戈辛（Mitzi Goheen），与西喀麦隆的恩索社群（Nso's community）开展了非常广泛的合作，以至于社群民众授予戈辛一个当地的头衔（local title）。

> 她经常将自己关于事实问题和地理方面的专长应用于实践中，来服务和她一起生活、一起工作的当地人群。作为一个被授予头衔的领导者，戈辛博士对她的喀麦隆朋友有着一定的义务，即用直接的、实际的方法来照顾他们。比如，她给一个喀麦隆小孩做教母（godmother），帮助社区里的小伙子协商彩礼应该给多少，她还经营着一项在当地浸信会医院的基金，用来支付她的当地朋友的医疗费用……她还帮助村民做医疗方面的决定，也经常载他们到医院。

除此以外，戈辛还是当地一个借贷机构的主管，该机构给妇女小额贷款使她们能够成为地方经济的参与者。

这些活动是很常见的，人类学家在当地会尽力让自己在适合的方面都发挥价值。“一个人并非带着应用人类学家的头衔才能充分使用人类学的理论、方法和专业知识，也并非带着人类学倡导者的头衔才能给小规模社群提供支持（Gwynne 2003a: 145）。”从这个意义来说，人类学的概念是“社区服务”，本书所描述的很多工作都是基于这一点。然而本章聚焦人类学家作为倡导者与辩护者的那些情境，大卫·梅伯瑞-刘易斯（David Maybury-Lewis，后来成为哈佛文化遗存公司的总裁）将此称为“一种特殊的辩护”（Hedican 1995: 73）。

协助跨文化交流

有时候“特别辩护”（special pleading）能清晰表达出一个族群的关切和诉求，若不如此，他们的呼声就不会被听到。比如，在博茨瓦纳（非洲中南部国家）工作的杰奎琳·索洛威（Jacqueline Solway）就是一名少数民族语言群体的捍卫者，即使在一个和平的多党民主国家，这些群体的公民权在某种程度上仍然被剥夺了。通过向政治舞台上的决策者传达少数语言群体的生活现实，她的工作致力于找到能够帮助国家对这些群体变得更加包容的方法（Solway 2004）。

伊丽莎白·格罗伯史密斯（Elizabeth Grobsmith）在内布拉斯加州监狱里与美国原住民（Native-American）合作。虽然他们所属的社区只占总人口的1%，但却占到了监狱人口的4%。她的工作始于上世纪70年代，当时法院支持囚犯享有宗教自由和受教育的权利，她受聘而教授美国印第安人一门课程。正如她所言：“囚犯能得到学术和教育的提升，并从中获得自尊。他们的文化水平通过参加监狱大学的一门课程而获得了一定的认可”（Grobsmith 2002: 166）。因此，她能够缓解当局对一些原住民囚犯诸如抽烟斗等宗教习俗的焦虑。

> 人类学家在这方面可以做出很大的贡献，以咨询师的身分纠正和指导当局了解这些宗教活动的合法性和意义。因缺乏正规的培训计划和人员流动，而导致惩教人员的无知和麻木，而且不断重复错误，这使得犯人深感痛恶……人类学的专业知识是有益的，不是因为犯人自己没有能力解释他们的传统，而是使用外部专家或顾问会使整个过程具有合法性。（Grobsmith 2002: 167）

格罗伯史密斯还参与设计治疗方案，以解决监狱犯人中的毒品和酗酒问题。他指出："忽视印第安人囚犯的需要会导致大多数印第安囚犯最终将重返监狱（Grobsmith 2002: 168）。"她向假释裁决委员会提供帮助复原土著文化方法方面的咨询意见，并在有关囚犯权利的争端中担任专家证人。

> 惩教工作对人类学家有着巨大的需求。少数民族囚犯的人数最多，而惩教人员很少能代表这些少数民族，因此人类学家经常被当作联络人，文化资源人员，或者当作一个颇具理解力的局外人来帮助少数民族与他们复杂的法律世界进行互动。惩教

> 机构也从这种互动中获益，囚犯与工作人员关系的改善，减少了相关诉讼；监狱也提出了相关认可标准，来奖励那些进行合作研究的机构。（Grobsmith 2002: 170）

正如她总结的那样："没有什么活动比帮助修复已经破裂的跨文化交流网络更令人满意了。"

沟通问题同样也是芭芭拉·琼斯（Barbara Jones）在为美国土著人班诺克（Bannock）和肖肖尼（Shoshoni，印第安部落）妇女辩护时的核心问题。当一些妇女因隐瞒社会服务信息而被起诉时，琼斯的研究指明，产生文化上的误解是当地妇女使用的英语和社会服务人员所使用英语的含义不同而造成的。主审法官最终裁定这些妇女是无辜的，并且决定今后应使用一名翻译以确保沟通的清晰准确（Ervin 2005: 106）。

促成文化形式恰当的交流也是凯文·阿夫鲁（Kevin Avruch）和彼得·布莱克（Peter Black）研究人类学在"替代性争议解决（ADR）"中的核心作用，替代性争议解决作为一种法律行动的非正式替代选择在美国越来越受欢迎（Avruch and Black 1996）。他们指出，人类学实际上为替代性争议解决提供了灵感，因为"一些法律界的改革者阅读了民族志，认为他们已经针对‘部落社会’的争端解决提出了完美改革模板”。然而，人类学家自己对滥用民族志来建构部落社会生活的理想化形象，以及认为解决争端的特定方法可以简单地从一种文化背景中提取出来，然后应用到另一种文化背景中，一直持相当批判的态度。随着替代性争议解决在美国法律文化中根深蒂固，越来越多的人试图将其商品化并将其出口。阿夫鲁和布莱克指出，“对于现代替代性争议解决的布道者来说……对可能存在的文化差异会产生的重大影响并没有使他们停滞太久”（Avruch and Black 1996: 53）。他们针对在太平洋帕劳岛上采用替代性争端解决办法的意图做了研究：

> 引入ADR（替代性争议解决）或许有些讽刺意味，这种意识形态的形成，部分源于对民族志的误读……回到那种文化背景的人们……会以为一开始就如此。但陶醉于这种讽刺或许低估了这种虚伪的输出可能造成的代价……重要的是，如果把ADR引入帕劳群岛，它必须以一种在当地有积极意义的方式进行。在我们看来，这些是不能被来自美国ADR社区的顾问写入报告的内容，不管这些问题可能具有多么敏感的文化含义。冲突以及对冲突管理的设

> 想是帕劳文化的一部分，如果那些为帕劳设计ADR的人，能基于这种冲突管理设想而进行预测的话就会把工作做得很好……确保实现这一点的一种方法是将流程的设计牢牢地掌握在帕劳人手中……作为"局外人"的人类学专家所能做的贡献，就是为这个过程的设计提供建议。（Avruch and Black 1996: 54–59）

依他们的观点来看，"人类学在构建替代性争议解决与帕劳社会之间的人文契合的最大贡献，也许在于它对于文化重要性的坚持"（Avruch and Black 1996: 47），并且他们会继续尽最大努力去坚持。

捍卫生活方式与知识

"文化的重要性"也成为亚历山大·欧文（Alexander Ervin）在帮助农村农业社区保护其生活方式方面工作的基础。正如他所说："农业的工业化长期以来一直是北美农村的一个威胁。它破坏家庭农场和社区，侵蚀农村的自给自足和自我决策，并可能对健康和环境都产生消极影响"（Ervin 2005: 154）。

几十年来，人类学家一直在讨论农业产业化对社会的影响，这始于沃尔特·戈德施密特（Walter Goldschmidt）在上世纪40年代的著作。戈德施密特比较了加州的两个农业社区：一个主要由其他地方的大公司拥有的工厂化农场所主导。劳动力是流动的、贫穷的，当地城镇的犯罪率很高；另一个社区主要由独立的农民组成。他们实现了更高的生产水平，拥有更高的家庭收入，他们所在的城镇拥有繁荣的企业、教堂和家庭俱乐部。研究表明了保护农村社区生活的种种好处。然而，破坏性的发展模式却经常被复制：

> 对农村人口来说，联邦和州政府的农业政策加深了社区的衰落。这些政策仅有利于大型农业商业公司的目标和利润，因为他们预期的效率会带来利润，并认为只有工业化的农业才能低廉地养活全世界，但这个假设实际上未经验证。（Ervin 2005: 154–155）

肯德尔·素（Kendall Thu）和保罗·德伦伯格（Paul Durrenberger）的研究也同样批判农业工业化所造成的对社会和生态的影响。研究表明养猪厂在爱荷华州和北卡罗来纳州制造的恶臭绵延数英里，降低了土地价值，冲击了当地的社会生活，造成河流污染，也对鱼类和渔业造成损害。他们对这些变化所带来的社会代价进行了详述：家庭农场的损失、环境和健康风险、就业方面更大的不确定性、这些压力导致的社会分裂和冲突。因此，肯德尔认为，有必要进行研究以促进倡导（advocacy）：

> 我的应用型工作涉及一种将研究与倡导结合起来的策略，包括通过媒体、公共演说、立法证词、法庭专家证词等方式的宣传，让行业对科学的选择公开负责，与非营利组织合作，以及社区团体之间的合作……研究和倡导是互为必要的伙伴。科学从来没有，也永远不会存在于政治真空中。如果我们没有基于民族志的严谨性就来倡导实践的话，就等于想当然地做出了决定，这一决定恰恰会影响那些为我们的职业生涯提供了知识的人们的生活。（Ervin 2005: 157）

在当代背景下，农业的主要议题之一是引进转基因作物。其中一些作物带有“终结者”基因，会通过阻止植物为未来的作物生产出有活力的种子，而迫使农民严重依赖于那些供应转基因种子和这些作物所需杀虫剂的大公司。转基因作物也使当地的植物育种知识边缘化。例如，格兰·斯通（Glenn Stone）在印度的研究（Stone 2002，2007）考察了转基因棉花的引入是如何破坏了当地的知识和社会交换体系，给农民带来巨大的压力，并导致他们的自杀率迅速上升（具有讽刺意味的是，自杀恰是通过饮用杀虫剂实现的）。斯通这样描述道："……实验和管理技能发展过程的症候性中断。事实上，瓦朗加尔棉花种植提供了一个有关农业杀虫的案例研究，它切断了环境和社会学习之间的重要联系。"（Stone 2007: 67）

很明显，这项工作在仍将持续的关于转基因作物的讨论中很重要，在对保护当地知识的必要性的更大范围关注中也很重要。这既是一个需要通过应用来确保当地知识得到传承的问题，也是一个保护此类专业知识所有权的问题。除了拥有他们希望保护的生活方式之外，当地社区——无论他们是种地还是以其他经济模式为生——往往拥有宝贵的生态知识，而这也是人类学的另一个倡导保护知识产权的领域。就职于国际马铃薯中心的罗伯特·罗德斯（Robert Rhoades）观察到由于科学家、制药和食品公司都在寻找新的植物育种机会，"植物遗传资源的所有权问题是一个充满争议的国际雷区，因为它关系到国际政府最高层的利益、权力和政治”（Rhoades 2005: 77）。自上世纪80年代中期以来，人类学家一直在帮助地方社区和中心（CIP）保护本土知识产权：

> 作为栽培物种的传统管理者……当地的原住民更加意识到他们自己的权利及在保护方面的关键作用。本土文化和作物多样性之间的这种联系增加了人类学家（特别是民族植物学家）在农业研究方面的需求[①]……人类学对这一领域的贡献表现在几个方面：首先，田野调查表明，农民对本地产的土豆有一个复杂的民间称呼……民族植物学研究提供了农民选择的基本信息，以协助中心的工作……人类学家弗吉尼亚·纳扎利亚（Virginia Nazarea）率先提出了一种名为“记忆银行”的方法……展示了文化知识应该如何与传统的基因库“护照”数据一起保存……人类学家曾在鼓励落实农民权利的机构和国际委员会任职，以此作为保持种质资源多样性（germplasm diversity）的一种方式。已努力游说立法

---

① “民族植物学”“民族生物学”和“民族科学”这几个名词描述的是通过对一个群体在若干世纪与一个特定环境的接触的研究积累起来的特定专业。这些可以被归在“传统生态学知识”这一更大的主题下。

> 机构，向公众传达有关遗传冲刷（genetic erosion）和土著文化的信息……如今，包括总部设在罗马的国际植物遗传资源研究所在内的几个国际中心都已聘用人类学家和民族植物学家，帮助指导科学家和农民参与的植物育种工作。（Rhoades 2005: 76–78）

农业工业化是对于当地原生景观的主要压力之一，另一压力则来自日益扩张的全球对矿物和资源的探寻。正如阿兰·拉姆齐和詹姆斯·韦纳（Alan Rumsey and James Weiner 2001）所表明的那样，采矿往往是对原住民社区具有重大社会和生态影响的活动之一。斯托特·克奇（Stuart Kirsch）在巴布亚新几内亚研究相关的课题，那里的采矿业具有大规模的破坏性，他提请人们注意跨国公司在侵犯人权方面所扮演的角色（Kirsch 2003）。作为一名坚定的倡导者，他写了大量关于土著社区抗议破坏当地生态系统（从而也破坏了他们的生计）的著作。并且他使用人类学方法来试图解释这些现实并向决策者传达他的担忧（Kirsch 2006）[①]。

---

① 见第六章他的自传。

人权

长期以来，人类学家一直在许多与人权有关的领域积极从事研究和倡导工作，其中包括最基本的权利问题：安全、充足的食物和水（Nagengast and Velez-Ibanez 2004）。因此，约翰·凡·韦根（John Van Willigen）和V.C.卡娜（V. C. Channa）对印度针对女性的暴力行为进行了研究，特别是涉及要求新娘家庭提供嫁妆的文化和宗教习俗，这是主要的冲突根源。将这种做法定为犯罪并立法的尝试是无效的，他们认为“指向这些社会罪恶的政策，需要挖掘出根本原因再制定，而不能只停留于问题本身”（Van Willigen and Channa 1991: 117）。因此，他们深入的民族志工作力图阐明其根源，以期帮助制订更有效的措施来确保印度妇女的安全。

妇女和儿童的安全也是彭妮·范·埃斯特利克（Penny Van Esterlik）作为一名维权人士的工作重点，她参与了在第三世界国家销售婴儿配方奶粉来替代母乳的公司引发的争议。这场论战爆发在上世纪七八十年代，那时雀巢发现自己在西方国家的市场份额不断下降。当雀巢试图打开一些新市场时，重大抗议活动就爆发了，因为这些国家既缺乏清洁的水源，又缺乏能把水充分烧开的设备，还缺乏资金，这使得使用奶粉的健康风险大大增加（除此以外，配方奶粉在发达国家也遭到拒绝，因为越来越多的人了解到母乳的免疫效果更好）。彭妮·范·埃斯特里克成为了一名热衷的倡导者，反对对于贫困社区的这种剥削，她认为有充分的理由参与到此倡导事业中来。她所参与的“母乳还是奶瓶”的争议关系重大，牵涉到儿童健康和婴儿死亡率、母子关系、社会变革的过程、人的适应能力，以及一个关乎民族国家和国际公司权力的关键问题。在这些问题中，“人类学家和其他专家、学者提供的科学知识对这些斗争都很有价值。他们可以提供一系列专家证词，有时用于法庭案件，有时作为通过媒体进行公共关系宣传的一部分，有时作为公开辩论的准备”（Ervin 2005: 153）。

自雀巢事件以来，有关在较贫穷国家销售不合适或不合格产品的争议不断升温，对被剥夺权力的群体进行商业剥削的担忧也是如此。在过去的十年里，人们对全球化所带来的社会和生态代价越来越感到不安[①]。人类学家对全球化很感兴趣[②]，他们既是社会运动的分析家，也

① 全球化是本地或地区内的现象到全球范围内的转移过程；一种统一的全球社会和经济的观念。

② 当意识形态在团体间、国内或国际上扩散时，“社会运动”就发生了，它增加了改革的压力。其他（不太相关的）例子包括女权运动、公民权运动、和平运动和新时代运动。最近，人类学家研究了反对全球化的“对抗运动”，这是由本地网络和其他批判全球化过程的团体发起的。

是那些文化和经济安全受到全球变化威胁的群体的辩护者（advocate）。许多人在法律领域工作，弥合着那些本土的或者有关法律和道德秩序的特殊文化观念，与常常凌驾其上的国家和国际法律框架之间的差距（Rodriguez-Pinero 2005，Toussaint 2004）。

“反发展”运动正在兴起，因为人们反对他们的资源被侵占。一些反对全球化的直接抗议活动也在世界各地涌现。俊恩·纳什（June Nash 1979）从人类学的角度，不仅研究了跨国公司，还研究了这些抵抗运动的增长，尤其是那些在全球资本重组中被边缘化的地方。

> 这些地区正成为日常抗议活动的中心，抗议跨国公司造成的混乱和环境污染。在人们被迫迁移寻找工作的同时，跨国公司正转向地下，掩藏在互联网之下，并以多重模糊身分抹去它们的踪迹……人类学家具有研究世界各地日常生活的外围现象的天然倾向和职业安排，特别是在一些边缘领域。随着许多现代化项目的失败变得越来越明显，我们对第三世界视角的潜在偏见正变得越来越明显。随着国家、地区和人民之间贫富差距的扩大……这些以前被边缘化的地区中有许多已成为最新的资本家活动

的前线阵地，我们在那里看到土著人正在为他们的领土和生活方式进行斗争。（Nash 2005: 177）

纳什关注的是这样的人群："他们已发展起来的历史记忆和日常生活习俗使他们能够证明，他们的生活方式是资本主义以外的可选项。"

许多人继续践行集体生活方式，并以他们祖先所设想的方式与宇宙力量相联系。这些规范的做法并不是被动的产物，而是那些经历过被侵略和被殖民创伤的人们抵抗的结果。（Nash 2005: 178）

地权

当然，全球化只是工业化社会长期扩张过程中的最新发展，工业化社会的扩张导致了18和19世纪世界许多地区的殖民化。原住民或较弱势的群体拥有的土地被广泛占用，这种占用在当代世界仍然在继续，许多人认为这是"经济殖民主义"。所以，除了争取保留他们对水和其他资源的权利外，许多群体现在也在争取收回他们的土地。他们希望重新获得参与土地管理和使用的权利，或者至少获得损失补偿。这导致了一些关于土地和水资源权利的激烈冲突，在这些冲突中，不同的文化视角是一个关键因素（Trigger and Griffiths 2003，Toussaint 2004）。因此，这已成为人类学一个主要的活动领域就不足为奇了。随着资源的探寻在全球越来越偏远的地区展开，更多的社群的土地和生计受到威胁，这势必需要更多的文化翻译者来调解群体之间的冲突，需要更多的倡导者来帮助弱势群体来界定和捍卫他们的权利。

> 土地是土著民族文化乃至物质生存的关键……如果被迫离开他们的土地，部落社会就会在物质上被消灭。从某种意义上说，他们被抛弃在一个陌生的社会中，没有办法自谋生路，这是美洲的一种共同趋势，因为许多国家都试图通过无情地剥削其内陆来抵消不断上升的国际债务。在这种情况下，土著人就面临着直接的威胁，因为他们无法面对强大得多的殖民者人群，这些殖民者往往认为土著人民对土地的要求并不具有决定性。（Maybury-Lewis 1985: 137-140）

在加拿大，当詹姆斯湾一项大型水力发电计划被提出时：

> 人类学家在帮助克里人（the Cree）方面发挥了各种作用，例如训练克里人开展自己的研究，针对土地的使用、收获的成果，以及疏水阀管线可能产生影响，等等。正是这类证据成为克里人主张的关键性支持，即在北部河流上筑坝，兴修水力发电站的提议，将对这些河流周边居民的生存方式产生可怕而不可挽回的后果……麦吉尔大学的发展人类学研究项目就水电项目的后果提供了广泛的社会影响研究。这使克里人能够为提出他们的诉求作准备……（并且）促成了一些措施，如詹姆士湾和魁北克省北部协议，规定给克里族留出一定的专用土地，专门为克里族人保留大约22种鱼类和比赛，并为当地的狩猎管理员制定了一项计划，使克里人能够更有效地监控白人入侵他们狩猎领地所造成的影响。（Hedican 1995: 155–156）

同样在加拿大，伊丽莎白·马凯（Elizabeth Mackay 2005）研究了非原住民群体如何抵制土著社区对土地的恢复，以及当代移民社会所面临难题：他们发现自己几代人对土地的投资因近期原住民对土地所有权的要求而受到威胁。正如大卫·崔格尔和嘉润·格里弗斯（David Trigger and Gareth Griffiths 2003）所表明的那样，澳大利亚的土地所有者也面临着类似的问题，尤其是自1993年《原住民所有权法案》（Native Title Act）以来（在欧洲殖民200年后）。在新西兰也是如此，虽然《怀唐伊条约》继续对土著人土地和资源的所有权提供一些保护，但对土地和水的控制仍然存在争议，特别是最近几年出现了对前岸和海床以及河流所有权的特别忧虑。

调节法律多元主义

迈尔克斯·威兰曼（Markus Weilenmann，瑞士，鲁西利康，发展中国家冲突研究办公室）

我经营着一家独立的咨询公司，即发展中国家冲突研究办公室（Office for Conflict Research in Developing Countries），向在非洲从事社会和法律政治领域工作的发展机构或非政府组织提供法律人类学咨询服务。

非洲的国家官僚权力管理着多种文化下的多个区域。还有殖民者社会遗留下来的前殖民秩序、简单或复杂的酋长制、神圣王国等等，还有一种官僚国家模式，由法国、英国、德国和比利时等欧洲殖民大国引入，旨在通过西方法律管理本土文化。这些发展构成了在官方国家法律和关于正义的各种社会文化观念之间的长期矛盾。

咨询办公室分析了这一冲突，并提出办法来减轻法律多元化所带来的负面影响。它在布隆迪为米苏尔社会发展基金会、国际警信协会、人道主义对话中心等机构提供法律人类学建议，在喀麦隆、埃塞俄比亚、加纳、科特迪瓦、马拉维、塞内加尔等国为GTZ机构提供所有服务，在刚果民主共和国为GTZ机构、米苏尔社会发展基金和福音派发展服务机构等提供服务，在卢旺达为瑞士发展合作机构提供服务。此外，还要为各组织的项目官员提供员工培训方面常规性和系统性的咨询意见。

在世界许多地区，出于保护目的而保护关键栖息地的愿望正在对原住民的土地所有权和使用造成进一步的压力。人类学家一直是说服保护组织的关键力量。这些保护组织天真地认为是“无人居住的荒野”或“原始地区”的地方，实际上已经被土著居民居住了数千年，他们需要考虑到这些社区的文化和经济需求。

迈尔克思·可切斯特（Marcus Colchester）的工作提供了一个例子。他凭借他的人类学素养成为了世界热带雨林运动的“森林人民计划”（the Forest Peoples Programme of the World Rainforest Movement）的主管，以及《生态学家》杂志的副编辑。他曾协助筹划国际运动，以引起人们对委内瑞拉原住民权利的注意，并因其学识和行动主义而获得许多奖项。

> 目前，全世界约有10万个正式被承认的保护区，覆盖了地球陆地面积的12%。这些地区的绝大多数都是土著原住民所拥有或声称拥有的……原住民作为一项社会运动和国际人权法中的一个类别的出现，促使保护机构重新考虑它们的做法……在尊重原住民和其他传统知识拥有者的权利的基础上，现在出现了一种新的保护模式。（Colchester 2004: 20）

原住民并不是发现自己生活方式因重大的保护计划而受到威胁的唯一群体。有时，也有当地农民，发现在创建国家公园时，公共用地会被视为"公平竞争"的征用对象。例如，特蕾莎·海德灵顿（Tracey Heatherington 2005）在撒丁岛的乡村针对关于创建纳尔真图国家公园而引发的争议而展开了研究。这一公园创建计划需要当地社区让出大面积的集体土地。当农民们的抗议只是简单地被摒弃一边时，特蕾莎帮助他们建立了一个更有力的论点，表明他们"对公共用地的爱"是基于捍卫公共用地这一关键的文化信条，本质上是捍卫他们的传统价值。

参与式行动

人类学家在帮助更好地了解当地所有权和使用权的形式，以及人们与地方的关系方面发挥着关键作用。在这一领域中，相关各方可以通过多种方式沟通，其中许多可以被描述为“参与式行动研究”（PAR），包括社区成员在合作研究的过程，使他们能够实现自己的目标：参与式行动研究（PAR）是一种研究策略，它通过被研究的社区来定义研究问题，分析问题和解决问题。人们拥有这些信息，并可以与学术研究人员签订服务合同，以协助这一研究过程（Szala-Meneok，Lohfeld 2005: 52）。

地方社区和人类学家之间的这种合作正变得越来越普遍，人类学的相关训练越来越多地提供了方法途径。例如，医学人类学家帕翠莎·哈默（Patricia Hammer）在秘鲁安第斯山脉开办了一个民族志方法培训中心，该中心着重关注参与式行动研究方法，使学生能够参与当地农业社区正在进行的调查，以了解当地有关健康、生态、生物多样性和社区组织的问题（Hammer 2008: 1）。

参与式行动研究非常适合于土地和资源问题。例如，我和澳大利亚的许多人类学同事一起参与了土地所有权证据的收集工作。作为记录重要文化知识的一种方式，在这方面使用的方法也有更广泛的用途。因此，我花了很多时间和昆士兰北部的土著人一起做“文化测绘”（cultural mapping）[①]，包括和他们国家的老年人一起旅行，其中大部分都在社区所辖的保护区之外、在邻近的国家公园和牛站（cattle stations）进行。文化测绘需要在各种媒体上记录每个群体的圣地和重要历史地点的所有信息，以及他们对土地及其资源的传统知识。这种合作产生了详细的文化资料，现已在社区内收集存档，并为年轻一代提供了关键的教学资源，以及土著居民声称拥有这片土地的一个证据。但与此同时，该社区已经能够与昆士兰公园和野生动物管理局（Queensland Parks and Wildlife Service）谈判达成一项联合管理协议，并充分证明他们的所有权主张，以说服当地牧民共同签署原住民土地使用协议。

然而，对大多数土著群体来说，完全成功的地权诉求充其量只是个渺茫的希望，许多人已经流离失所。随着土地挪用、政治冲突、环境退化和其他压力，许多难民和经济移民往往需要帮助，特别是当他们被迫迁往地理和文化上离他们自己的文化和地缘都很远的地区时。人类学家常常在为这些社区提供宣传和文化翻译方

① 绘制文化特定地图的过程常常对主流表现形式提出挑战，它也被叫作“抗衡性绘图”。

面发挥有益的作用。例如，兰斯·拉斯布里奇（Lance Rasbridge）作为一个卫生组织的“难民拓展人类学家”（refugee outreach anthropologist），在达拉斯与柬埔寨难民开展合作：

> 我寻求一个应聘职位，在很大程度上是作为对与难民进行研究的深刻情感经历的回应……难民的现状需要更多人参与到难民工作中来……我在医疗小组做协调工作，也在难民患者以及他们的资助者和社会工作者之间做协调工作。有时要保护难民不受其他人的伤害，并经常在他们中间进行调解。作为一个协调者，我经常得以妥协作为展开工作的中心：使各机构、医疗提供者和难民对彼此的期望和限制都变得更加敏锐……一种常见的情形就涉及使医学界对那些非西方的医学信仰和行为更加敏感。（Rasbridge 1998: 28–29）

杰弗瑞·麦克唐（Jeffery MacDonald）纳指出，大约有2000万战争难民生活在美国。他与从老挝逃到俄勒冈州的鲁米恩人开展合作：

> 和许多难民研究人员一样，我很快成为了一名应用人类学家，首先为鲁米恩人提供服务。后来，我在难民安置社会服务机构工作，开始与其他东南亚少数民族社区合作，提供直接的客户服务和培训，做需求评估研究，为东南亚难民管理和设计具有文化特色的项目……由于我是一名同情社区需求的专家，在东南亚社区我的声誉不断提高……后来就不得不承担起个人和社区政治活动家的倡导者的角色。（Macdonald 2003: 309）

正如这些例子所示，倡导可以采取多种形式。有时倡导行为会变得非常正式，例如当人类学家在法律领域作为“专家证人”的时候。这种情况经常发生在土地索赔中，他们开展研究，搜集证据，并将其提交给土地索赔法院或法庭。在与难民社区的关系方面，倡导也正更加频繁地发挥作用。因此，在阿尔巴尼亚和科索沃进行了长期民族志研究的斯蒂芬妮·施德沃斯–西弗斯（Stephanie Schwander–Sievers）意识到自己作为文化翻译者和专家证人，在涉及寻求政治庇护的难民法律案件中非常被需要。

在这两种情况下，我都被要求以书面报告的形式，或在审判期间作为法庭专家证人的身分解释涉及阿尔巴尼亚文化的各种问题……我经常被问及，如果一个寻求避难者被遣返回他或她的祖国，会有哪些风险，以及国内的社会文化问题会如何影响这种风险……关于刑事案件，在刑事侦查过程中，我经常被警探咨询……我经常被要求解释……阿尔巴尼亚文化的特定方面，以及这些文化如何赋予暴力行为文化意义，并有助于解释其动机……在法律程序和法庭上，特别是在庇护案件中，来自不同文化和法律背景的个人相互接触。在这里，人类学家既是权力关系的参与者，也是观察者。（Schwander-Sievers 2006: 209–217）

我是个专家吗？人类学，法律，庇护寻求者。

玛瑞亚·鲍尔萨尼（Marzia Balzami，罗汉普顿大学）

我从未打算要在这个世界上有所作为，而且我保证我的第一个学位完全是非职业性的：确切地说是拉丁语和法国文学。我沉迷在十七世纪法国戏剧中，系统地梳理虚拟语气，徜徉于十九世纪的教育小说，仔细阅读奥古斯都时期（拉丁文学全盛时期）的诗歌。然后我突然被绊倒了——被古罗马“牧神节”（一种奇怪的狼族仪式，甚至西塞罗都认为是费解难懂的）——通过一门研究当代人们仪式的学科。我接下来的几年就这样被理出了方向：我开始学习社会人类学。

从已废用的拉丁语到非现存的梵文之间仅一步之遥，并且在印度能有几年时间进行“田野调查”是个不容错过的好机会。于是，我动身去印度的沙漠之邦拉贾斯坦，埋身在满是尘土的档案室，或者在古殿中与老人们详谈英属印度（the Raj）时期的历史。这是关于王权的田野调查，王权是印度已不存在法律体制，因此我的关于“过去”的研究在“现在”进行着。虽然我专注于将满是尘埃的手稿从时间和白蚁的侵蚀中挽救出来，但我毫无疑问地也遇到了困扰世界的所有常见问题。在那里妇女和儿童遭受着家庭暴力，当地甚至偶尔还进行萨提（sati，一种殉葬仪式，在火葬丈夫时让其遗孀殉葬）。在一个半数人口生活在贫困线以下的国家，针对穷人和“贱民”的暴力，以及对人权的剥夺，不可避免地是日常生活的一部分。

回到英国后，我发现自己把无辜的人类学学生们置于错综复杂的印度种姓制度、印度教和穆斯林的暴力，亲属关系的图表，以及父系亲属平行婚姻（即与父亲家族的堂兄妹之间进行婚姻联结）这样的怪事之中。我的世界仍然转换于课本和对同一事实的不同视角的评价和解释之间。

然后，有一天，一位同事邀请我给一个会议提交论文，该会议是关于在多元文化下的英国针对妇女的暴力行为。尽管我反驳道我不知道还有什么东西值得重复讲述，但最后还是被说服针对英国南亚社区的家庭暴力问题提供人类学视角。在我做了关于荣誉犯罪的报告后，一位著名的教授来找我进行交谈，我的法律人类学之旅就此开始了，我也开始在英国撰写庇护案件的专家证人报告。

在英国，难民受到的舆论压力很大。如果媒体相信所有的犯罪、邪恶、不道德行为（全球变暖也属此类）都是源于这些数量上来说比较小的群体，而英国人从来没有做任何邪恶的事情；如果我们摆脱这些“榨取钱财、骗取福利的外国人”——那么这个国家将成为一个田园诗般的乌托邦。然而，我的关于难民的工作使我认为大多数的庇护寻求者是不幸的人，是从那些可怕的经历中好不容易幸存下来的人。

当个人在英国寻求庇护时，他们需要接受面谈，并且要求必须提供证据来证明他们要求留在英国的理由。这些证据必须表明他们受到迫害，以及说明如果被迫返回原籍国，他们为什么还会有进一步被迫害的风险。许多庇护申请被驳回，内政部的“拒绝信”会解释原因。寻求庇护者可以对该决定提出上诉，并且他们的代理律师要求专家撰写报告，向庇护移民法庭解释为什么应该重新审议某一案件。

当一种文化解释可能产生作用时，他们就会咨询人类学家。例如，一名妇女寡居，且有理由担心自己在巴基斯坦的生活时，她就可能会申请离开巴基斯坦与她已经移民英国的兄弟一起生活。在我曾撰写的第一批法律专家报告中的一份就是此类情况，一名妇女因为目睹了一项严重罪行，而面临罪犯们的家属所带来的安全威胁。尽管出据了关于迫害的有力书面证据，但是内政部还是给出了“拒绝接受”的决议，理由是家庭生活的权利并不意味着成年兄弟姐妹应被允许加入彼此的家庭。有人认为，已成年的姐妹和兄弟之间的亲属关系不是主要亲属关系，因此，该案例中的这位寡妇应该返回巴基斯坦。如果她在自己的家里有生命危险，那么她可以搬到另一个城市，毕竟巴基斯坦是一个大国。

而我在报告中则阐明，在巴基斯坦兄弟姐妹是如何从小就被教育要按照文化中的惯例行事，他们被培养的观念是，随着年龄的增长，姐妹不会给兄弟带来耻辱，做兄弟的则会在以后的生活中承担帮助姐姐或妹妹的责任。这种兄弟姐妹间的紧密纽带比英国更为明显。我能够证明，巴基斯坦妇女通常不单独生活，那些被迫这样做的妇女很容易受到剥削和伤害。我的报告以文化知识为基础，说明了为什么在这一特殊情况下，这名妇女返回其家乡是不安全的。

我所处理过的其他案例包括受迫害的宗教少数派，如巴基斯坦的基督徒和艾哈迈迪耶教徒，以及在印度嫁给印度教男子的穆斯林妇女。有些案件要求了解当地的惯常做法，尤其是那些基于性别的暴力行为。内政部可能会建议，该女子可以返回原籍国，前往危机安置中心，但现实是，许多妇女在还未到达这些中心之前就被杀害了，甚至这些中心也可能无法保护她们免受进一步的虐待。此外，在一些国家的法律制度会将之视为犯罪行为而进行惩罚的情形，在英国，同类行为只会被视为道德上的失范。例如，在英国，一个已婚妇女通奸可能会被认为是愚蠢的，可能会惹恼她的丈夫，或者发现自己的行为会激起流言蜚语。然而，在巴基斯坦，这样的过失并不仅仅是一件私事，而是一种罪行，可以使一名妇女入狱，并可能以死刑告终。在此类情况下，我对法律体系的知识就可以让庇护法官清楚地认识到这种风险。之后我能做的就是希望法官做出正确的决定。

作为一个专家，有一件事我绝对不能做，那就是发表我认为一个案例是真还是假的评论。我所要做的就是根据我对这个国家的了解和提出庇护要求的个人的立场来评估任何特定的庇护要求的可信性。法官期望根据案件真实性来做决定。我的工作是做叙述，对事件进行描述，并根据我作为人类学家的知识来解释这些事件。这就是我早年翻译、阅读小说、整理那些与事件记录部分重合却从未完全匹配的档案的经历。这些最终把我变成：一个时不时就会对别人有用的人。

辩护与倡导因此成为人类学活动的一个扩展部分，其直接汲取了这一学科的强项：探寻对其他的文化现实的深入理解；在群体之间进行翻译，确保研究是基于伦理考量与社会公平的关切。在当代的学科，人类学家要继续扮演“身为活动家的学者”这一点是清晰无疑的，并且随着事件变化或者发展，这一角色也会随之而变（Rylko-Bauer et al. 2006）。

第二章　人类学与援助

“边界”，无可避免地伴随着交流与冲突。致力于跨越文化边界的人类学家们，在许多国际组织中，正是不同文化群体间的调和者。

跨越边界

民族志研究能够提供特定群体和社会的专业知识，这意味着人类学家可能为跨文化和跨国界工作的国际组织提供有用的建议。例如，在外交部、驻外部门和像联合国教科文组织或世界卫生组织这样的机构中，人类学家越来越多地参与政府机构和国际组织的工作。对那些旨在帮助陷入饥荒、贫困或疾病，或遭受人权践踏、冲突或迫害的人们的政府组织和非政府组织（NGO）来说，它们尤其需要人类学的专业技能和见解。在后一类机构中，有时候很难分辨他们的工作是在帮助弱势群体呼吁，还是更直接地提供援助和帮助。

在需要食物和水供给的地区，或需要消除贫困的地区，提供援助和鼓励发展经常是重叠的。正如下一章所展示的，它们有很多共同的议题。然而，在“帮助陷入困难的人们”和“改变他们的生活方式”之间有根本的差别。因此，本章关注的是旨在出现问题时仅仅提供援助的人道主义活动。

有很多政府和非政府的机构参与援助：后者经常接受政府资助，而前者越来越多地外包给独立或半独立的机构。然而，尽管大部分政府还保持着一定程度上的援助，但是在过去的几十年间，非政府援助组织正在快速发展，不止在国际上，还有国家、区域和地方都是如此。在很多情况下，他们承担起了先前需要政府直接承担的任务，提供了一系列可供选择的制度安排。

> 世界上已经有了一种完整的非政府组织文化，具有其特有的象征意义……行为模式……和一种特殊的领导方式……非政府组织发展出了一套集群网络，在这个网络中存在社会等级和竞争，特别是在资金来源方面。在全球最大的非政府组织网络中，最著名的是社会志愿者组织、儿童保护组织、人权组织、民族文化组织和维和组织。同时，每个国家

和地区的组织都有自己的特殊性。（Tishkov 2005: 11）

援助和模棱两可

从政府机构到非政府组织的大规模转变代表了一个重要的社会变革，这个变革本身就吸引了人类学家的关注，他们还针对这些新机构是帮助还是阻碍了有效治理和民主提出了很多问题。一些分析人士认为，非政府组织数量和规模的快速增长是人们对官方政府治理和官僚机构失望的结果，也是一种将民主权力还给人民的尝试。

> 在全球政治领域和很多地区及国家政治领域内，非政府组织如今是一个重量级角色。就在专业的政治主体，如政党和政府名誉扫地的时候，非政府组织的声誉却上升到了一个如此重要的地位。非政府组织之所以受到重视，是因为它们在很多问题上都被视为是公民社会的合法代表……（Acosta 2004: 1）

其他人类学家认为，非政府组织不是通过选举产生的，有时候会绕过——因此有可能破坏——民主进程，赋予精英人士权力，或者使政府放弃传统意义上完全属于政府的责任。克劳斯·莱格威（Claus Leggewie 2003）提出，虽然社会运动可能为主流政治提供有益的投入，但他们缺乏民主授权，这也引发了对其合法性的质疑，即使其中有些运动积极地推动了民主。威廉姆斯·德马斯（William De Mars 2005）认为他们改变了整个治理的环境，将其称为“百搭牌”。

每种情况都是不同的。例如，克莱恩·什雷斯塔（Celayne Shrestha）的研究表明，尼泊尔在1989年只有250个非政府组织，然而在1996年，一个更民主的政府成立以后，非政府组织的数量在一年以内跃升到5987个。这是由于这些团体看到了可以与之前的长期被认为腐败和自私的政权划清界限的机会：“对于知识分子和很多在一线的非政府组织工作者来说，非政府组织提供了让他们与‘腐败’决裂的机会、在组织内进行任命和提拔的个性化模式，以及提供服务的途径（Shrestha 2006: 195）。”

但在对苏联解体后的俄罗斯非政府组织展开研究后，瓦列里·季什科夫（Valery Tishkov）警告说，非政府组织不能被看做是对民主抱负的清晰展示：“一些人无望地推进分裂主义议程。其他人推行无法直接在本国实现的外国政策。还有一些人则构建一种将当地的西方资产阶级包括在内的仁慈的资本主义（Tishkov 2005: 1）。”

正如他指出的，不论一个非政府组织的议程或它本身对人们的影响如何，由于不是通过民选产生的，“一个志愿者组织在实践中不可能被废除（Tishkov 2005: 6）。” 史蒂夫·桑普森（Steve Sampson）分析了巴尔干半岛地区的西方非政府组织近期的活动，也对他们的影响抱有相似的怀疑。他认为在这种情况下，这些非政府组织创造出了一种新的“计划精英”，导致西方国家拒绝援助，煽动了当地的民族主义者，削弱了后南斯拉夫的国家（the post-Yugoslav states）（Sampson 2003）。

因此，有很多关于国际援助组织的目标的复杂问题：他们对政府职能的影响如何？谁实际上从他们的行动中获益？基于援助关系的社会和文化成本是怎样的？在这个过程中宣扬了什么样的政治和意识形态价值观？通过回答这些潜在表面之下的问题，人类学家试图抛开关于援助的司空见惯的假设，对非政府组织与他们活动的受众之间的关系进行更深入的分析。在这些关系中经常有很大程度的权力不平等，而人类学家和其他社会科学家的任务就是揭示出这些动态过程。因此，阿尔诺·易卜拉欣（Alnoor Ebrahim）的研究关注了通过言语维持这种权力关系的方式：

言语是一种特定的、历史上产生的看待世界的

> 方式，并嵌入到了更广泛的权力关系中——明显的权力，例如，一些具备科学、系统专业知识的发展经济学家、专业人士和外派人员作为发展中国家政府和非政府组织中的顾问、投资者和专家，他们的“专业知识”中显示的权力。（Ebrahim 2003: 13–14）

不论人类学家是直接和某个团队合作，还是从大学职位中（相对）[①]自由的研究中获取资助，他们都要面对一个有点棘手的现实：他们的工作也反映了他们从中获取资金的组织及其活动，因此也有可能对这些进行批判。人类学家运用自己的分析能力来关注团体之间的互动，因此他们倾向于与政府机构和类似的非政府组织保持一种谨慎关系。本质上说，他们希望能够保持足够的独立性，以在运用自己的能力帮助他人的愿望和对援助、发展关系中复杂的政治和经济现实的真实评价之间保持平衡。显然，在这个领域中，一定的外交技巧会很有帮助。当然，一些组织欢迎并认识到了反射性回馈的益处。对研究者来说，定义自己在活动中的角色和活动也有很大的余地：

---

① 显然，政府的资助也伴随着许多“附加条件”，大部分资助机构对他们支持的研究种类给出了明确的限制。然而，在申请这种资助时，研究者们至少可以设计他们自己的项目以及——一般而言——他们在实施研究时有相当大的独立性。

> 并不是所有的发展项目都是“坏的”，并且……应用人类学家也有一定的空间决定自身在项目中起什么作用……在国际层面和国内层面，应用人类学家都可以成为贫穷的乡下人向设计和实施项目的富人和有权者传达自己的需求和认知的少数的几种途径之一……我不否认发展过程所代表的政治问题，也不否认在这个项目中工作时，我处于一个权力关系的特定领域。然而，有一些发展项目，不论他们是从认识上多么错误的基础上发展而来的，它们确实给当地带来了好处。（Grace 1999: 125）

乔斯林·格蕾丝（Jocelyn Grace）曾在印度尼西亚做顾问，她的经历表明，援助的接受者中很少是被动的接受者，他们常常在引导整个过程中有相当大的代理权：“印度尼西亚农村的女性希望附近能供应清洁的水，不想让她们的婴儿在出生一周内就死去，不想让她们的孩子得小儿麻痹症或乙型肝炎。她们从这样的项目中取得自己想要的，忽略或拒绝她们不想要的。”

这些例子表明，人类学家在国际或国内政府和非政府的援助机构中可以扮演两个重要角色。一个是“退后一步”，去研究组织机构和接受援助者之间相互作用的社会、经济和政治现状；另一个是为真正觉得自己在尽力帮助有需要的人们的组织提供更直接的帮助。

应该任用人类学家

玛丽-艾伦·查特文（Mary-Ellen Chatwin，美国农业部少数民族顾问）

我运用在食物人类学中受到的训练进行了一项对一家瑞士理工院校的学生饮食习惯的研究：这是为了帮助当地卫生健康部门保证学生能够获得更好的饮食。我也为洛桑市（Lausanne）就业部门开展了一项有关女性和她们在停止工作后如何尽力回到职场的研究。我为生命与和平研究所（the Institute for Life and Peace，瑞典）进行了一项针对组织机构的研究，检验它们在冲突过后将无家可归的人送回家乡的项目的有效性。在一次武装冲突中，我碰巧在高加索，在那时，我开始涉足这类工作。然后法国人民救济组织（Secours Populaire Francais，一个法国援助组织）请我去领导他们的食物分配项目。从此，我开始“亲手（hands-on）”介入这项工作。

当地人和当地社区通常很赞赏人类学的投入，因为他们马上认识到，人类学家对他们有一种“特殊的理解”，而不同于通常的那种对他们进行干预的发展方式。人类学家应该被任用在国家层面所有意图为有需要的国家的人民生活做出改变的发展项目中（例如救灾、减少贫困和针对社会弱势群体及老年人的项目）。

非政府组织学

对援助机构和受援助者之间互动的研究有很多潜在的实用成果。更高的透明度带来了更好的决策制定，也利于阐明参与各方的不同视角，有助于他们之间的交流。例如，杜伦大学人类学系的研究者们进行了一项有关加纳和印度的非政府组织的研究。他们探究了国家（地区）、非政府组织、捐助者的不同视角，研究了他们之间的关系对于贫困消除项目的影响。在这些地区，消除贫困已经成为非政府组织活动的重点（Alikhan et al. 2007）。

在菲律宾的伊富高（Ifugao），人类学家林恩·克维亚特科夫斯基（Lynn Kwiatkowski）从国际层面上考虑了相似的问题，研究了跨国组织和当地社区之间的关系：

有些国际机构有财政支持，且有时会领导那些想要改善菲律宾地区的日常生活状况的当地非政府组织……我讨论了在“文化社区”或当地文化团体中工作的进步非政府组织中可能出现的文化议题、政治争议和矛盾，因为这些非政府组织是在一个国内和国际政治和经济进程的更大的情境中运作的。（Kwiatkowski 2005: 1）

有时候——或者说从更大的角度看——从人类学角度审视机构内部动态是很有用的。人类学家开始在非政府组织中开展更多“特写”式的民族学工作。因此，蕾蒂西娅·阿特兰妮–杜尔特（Laëtitia Atlani–Duault）耗费了十年时间，研究了援助工作者和他们的国家和非国家工作伙伴，这些援助工作者试图向中亚国家和高加索地区的后苏联国家“输出民主”。这种对民族学研究的密切参与不仅使她理解了他们生活的现实状况，也帮助她退一步考虑他们行动更大的政治影响（AtlaniDualt 2007）。

这类研究建立在一个有关组织分析的成熟的人类学研究领域的研究成果之上。这个领域是20世纪20年代，由埃尔顿·梅奥（Elton Mayo）对工业中的人类关系的研究（Roethlisberger and Dickson 1939）、苏·怀特（Sue Wright）《组织人类学》（1994）的早期研究和玛丽·道格拉斯（Mary Douglas）《机构在想什么》（1987）中的研究开创的。如今，很多人类学家参与了这个领域的研究。例如，阿尔伯特·科尔森–希门尼斯（Alberto Corsin-Jiménez）就对组织人类学产生了长期的研究兴趣，特别是关于资本主义组织的“道德项目”和声称有道德意识的机构是如何协调伦理和道德问题的（Corsin-Jiménez 2007: xiii）。

这种方法十分适合在国际非政府组织培训和研究中心（INTRAC）进行的非政府组织种类学工作。在INTRAC的支持下，克莱恩·什雷斯塔（Celayne Shrestha）探究了尼泊尔的非政府组织日常的“非正式方面”（informal dimensions）；詹尼特·汤森（Janet Townsend）研究了南印度的政府—非政府组织关系中的不同言论。在同一地区，詹姆斯·斯特普尔斯（James Staples）利用民族学研究的例子表明：

> 一家非政府组织的意图是如何被破坏的——偶然地或者是——由于不同利益相关者之间互相角力的政治和个人利益，这通常伴随着不可预测的后果。尽管这种官方意图和现实情况之间的不一致通常被认为是非政府组织的无能……只有利益相关者之间持续的错误传达——和关于此非政府组织到底

是为了什么而设立的多种观点共存——才能使这个组织发挥作用。（INTRAC 2007: 1）

夏洛特·赫尔希（Charlotte Hursey）指出，对非政府组织和其真正需求的分析相对较少："尽管民族学方法已经被应用到对民间和公共组织的管理和结构的研究中，对非政府组织和公民社会组织的内部生活的详细描述还相对较少，特别是在当地层面。"（INTRAC 2007: 3）

然而，这种情况正在迅速改变："近些年来，由于人类学家开始开展关于非政府组织的研究，政治人类学的子领域——非政府组织种类学（NGO-graphy）（即非政府组织的民族学）得到了极大的发展。"

帮助援助工作

许多人类学家对于直接帮助援助机构很有兴趣，他们的专业协会也鼓励自己的成员用这种方式运用自己的技能。几年前，皇家人类学会创立了应用人类学的露西·梅尔（Lucy Mair）勋章，颁发给运用人类学显著在"减轻贫困或不幸，或帮助拾起人类的尊严"方面做出杰出贡献的人才。一个显著的应用领域是有关贫困或其他形式的破坏（如地震和海啸）时期水和药品的供应。

有时，人类学家主动运用这方面的技能以提供援助。例如，1984年，美国人类学学会（AAA）组建了一个针对非洲饥饿、饥荒和食物安全的特别小组：

> 提供了解非洲和饥饿问题的人类学家的名单，和关于他们的观点和方法的研讨会和研究成果，其前提是，人类学家具有独特的视角和能力，可能能够提高政府间（IGO）和非政府组织（NGO）监测和应对饥饿问题的能力。（Messer 1996: 241）

甚至——也许尤其是——在饥荒时期，系统观很有用。人类学家认真思考了在社会中如何管理食物，以及如何协助和优化这个过程。

> 食物系统的研究涉及了食物采购和消耗战略中可能存在的所有方面……这有助于开展食物援助项目——或者更广泛地说是发展项目——的团体和捐助者对援助活动的目标有更好的理解。（Messer 1996: 243，255）

作为AAA特别小组中的一名成员，阿特·汉森（Art

Hansen）强调了对有关当地复杂性的研究的需要：

> 我们本来的工作是找出在严重饥荒时期，人类学家运用人类学和人类学知识来帮助非洲和非洲人民的更好方式。那时，我们主要关心的是，援助项目的策划者和员工通常不重视或不了解非洲人民是如何帮助自己的。这种忽视可能导致援助效果更差，或者，更糟糕的是，援助自身变成了一项次生灾害。（Hansen 2002: 263，273）

汉森的研究强调了引入短期措施的一些危害，和即使是明显属于“当地”的团体和经济体也总是承受着外部压力的现实情况。在研究赞比亚东南部的村民时，他发现，这些村庄对木薯的密集耕作使木薯产量很大，这帮助他们应对了难民涌入带来的人口快速增长。然而一场木薯水腊虫的入侵破坏了木薯种植，引发了饥荒。此后，他们在农业和技术方面进行了重要的改变，使这些社区开始越来越依赖玉米和种植玉米所需的昂贵肥料。这种依赖导致了更大程度上的饥荒：“可持续性和饥荒是很复杂的情况，由政治、经济和生态因素引发并受这些因素的影响。表面上的可持续性是脆弱的，而当地自给自足的可持续性是一个脆弱的幻象。每个地区不是孤立的、自给自足的；它们是相关的，也是脆弱的。”

应对移民问题

对于其他群体来说，失去土地和生计只是无家可归的一个原因。饥荒和洪水会导致更多难民的出现，政治冲突、环境恶化、城市化扩张、经济压力和大规模的基础建设（例如大坝）也一样。在难民们到达的没有资源的地方——难民营或其他国家——需要这样一种人道主义援助：只有能够理解接受者的文化信仰和价值观时，援助才能最有效地发挥作用。其他形式的援助在这一方面也是

一样。

对无家可归者和移民的重视也非常重要。迈克尔·塞尼（Michael Cernea）详述了当人们无家可归时可能出现的八个问题："没有土地，没有工作，无家可归，边缘化，食物不安全，更高的发病率，公共财产资源的丧失和与社会脱节"（Cernea 2000: 19）。制定的重新安置计划可能很不合理：例如，萨蒂什·凯迪亚和约翰·凡·威利根（Satish Kedia and John Van Willigen 2005）观察到，建造亚马逊河上的大坝时，很多河谷的居民只能在更上游的地区和跨河公路上自谋生路，导致了疾病（疟疾和利什曼病）的爆发和原本稳定的社会群体的崩溃。

当难民或经济移民搬到迥然不同的国家时，对无家可归的影响提起重视尤其重要。许多人类学家研究了处于远离自己家乡的少数民族。

例如，根据自己在海外发展机构[①]做顾问的经历，凯蒂·加德纳（Katy Gardner 2002）研究了伦敦东部的老年孟加拉人，探究了他们移民到英国的经历，和这种经历对他们应对衰老和疾病的影响。玛格丽特·吉伯森

① 它被重命名为"国际发展署"。它与英联邦发展公司也有正式联系，后者最近备受批评，因为它将对第三世界国家农业的支持转移到其他投资领域如购物中心和移动设备，这些领域（对公司来说）盈利更高。

（Margaret Gibson 1998）研究了一所美国高中的锡克教移民儿童，爱华·翁（Aihwa Ong）探究了分散在世界各地的华人社区中发生的文化改变："如今，海外华人成为亚太地区经济增长的关键因素。他们的跨国界活动和在全球资本主义循环中的流动是如何改变他们的文化价值观的？"（Ong 2002: 173）

克里斯多夫·格里芬（Christopher Griffin 2008）的研究关注了一种与众不同的移民社区。他首先将自己接受的人类学训练用在了作为韦斯特维（Westway）门卫的工作上。韦斯特维是一个供旅行者和吉普赛人使用的永久营地。在做这里的看门人的同时，他开展了一项长期的民族学实地研究，并就吉普赛人的历史、他们作为流浪民族的生活、他们移民的故事和他们有时会经历的紧张的种族关系留存了大量的资料[1]。

理解种族和种族主义

在关于种族和种族主义的问题上，人类学家提供的文化理解特别重要。很多人类学家在致力于支持人权和鼓励跨文化包容的机构工作。"民族"或"地区"冲突中常

① 茱蒂丝·奥凯利（Judith Okely）在20世纪80年代对欧洲吉普赛人的研究（Okely 1983）是对这种频繁转移群体的研究先驱。

常体现了关于“种族”的观点，而要解决跨越国家、文化、政治和宗教边界发生的极端团体间的冲突，普遍需要人类学家的能力（Wolfe and Yang 1996）。

冲突解决非常依赖于理解——还有包容——“其他人”。例如，简·科文（Jane Cowan）研究了希腊和前南斯拉夫的保加利亚少数民族。她探究了这些地区的人权问题，观察了国际机构如国际联盟（the League of Nations）监督条约的方式，和它们如何应对少数群体对差异化权利和独立权利的要求（Cowan 2000）。她探究了公民组织、革命者、少数民族诉求者、国际机构、外交官、非政府机构和媒体之间有时变得紧张的关系。她的研究帮助这几方更好地交流和理解对方，因此有助于冲突的解决。

在种族冲突和其他冲突中，刻板印象的存在会使冲突固化，人类学家在打破这些刻板印象中起到了很重要的公共角色。宗教差异经常被推定为冲突的基础，而人类学家深入研究，找出了在宗教差异表面之下的更复杂的社会、政治和经济因素。例如，乔纳森·本索尔（Jonathan Benthall 2002）关注了穆斯林世界中援助的政治因素和宗教非政府组织的出现，研究了穆斯林文化中慈善工作的理念和实践，以及影响这些慈善工作的政治和宗教力量。黑斯廷斯·唐南（Hastings Donnan 2002）也研究了伊斯兰教文化是如何被呈现的，并开展了大量关于爱尔兰长期存在的“宗教”冲突的研究（Donnan and McFarlane 1989）。他的民族学见解展示了一个关于团体间关系的更加微妙的观点。

在现代世界，关于“恐怖主义”的观点开始涌现。达妮埃尔·莫雷蒂（Daniele Moretti 2006: 13）认为，人类学家可以以若干方式在这个领域提供帮助：通过利用他们对恐怖活动源头的区域或团体的实地研究经历[①]；通过研究在政治舞台和媒体中，恐怖主义的呈现方式；通过帮助分析恐怖主义的原因和影响。玛丽·道格拉斯和杰拉尔德·马斯（Mary Douglas and Gerald Mars 2007）正是进行了这样一项分析，他们的研究探讨了导致持不同政见者的少数群体建立政治飞地和进行恐怖活动的因素。

很明显，尽管恐怖主义出现在不同地区，但近十年的关注重点还是伊斯兰地区和作为其他地区少数群体的穆斯林文化群体。人类学家被号召通过以下方式来弥合“文化鸿沟”：

① 关于这个问题有很多复杂的伦理方面的考虑，因为本行业的职业准则禁止监视群体，或使用以伤害他们的方式取得相关数据。同时，还有由阻止恐怖主义和对其他群体的伤害的需求引起的道德问题。这些问题，以及为涉及情报收集的国家机构工作的正当性，引起了关于这个学科的大量讨论。

> （1）向西方国家民众展示伊斯兰和穆斯林文化的复杂性和灵活性的更细微的方面……（2）揭露导致伊斯兰极端主义和恐怖主义形成的社会经济和政治过程……（3）表明穆斯林文化和西方文化并不是有些人想象得那么极端不同，这两种文化都有很强的包容力和极端性。（Moretti 2006: 14）

莫雷蒂没有对穆斯林人类学家进行相似的工作的可能性做出评价，但是显然，像人类学这样的国际学科，所有国家的研究者在提供关于其他社区的更全面深入的观点方面都有很大空间。莫雷蒂自己的实地研究是在大洋洲实施的。在大洋洲，很多小国接受美国的援助，也表达了对“与恐怖主义作战”的支持。然而，每个国家对这个问题都有自己的看法。例如，在巴布亚新几内亚：

> 关于“恐怖主义”和“与恐怖主义作战”的报道受到了关注，引发了讨论和担忧。在这些讨论中，有些人宣称支持“恐怖分子”，他们认为恐怖分子是参加正义的解放战争的自由战斗者。对更多人来说，美国人和他们的盟友无权入侵伊拉克……这里（巴布亚新几内亚）有很长的殖民历史，在其

> 他西方国家手中经受了超过五十年的剥削、土地流转和自然资源掠夺，因此，为什么很多人会同情伊拉克人和奥萨马就不难理解了。他们把乌萨马（本·拉登）看作是伊拉克最重要的对抗西方国家的捍卫者。
>
> 然而，尽管对他们的抗争怀有如此广泛的同情，但人们看待“恐怖分子”的态度仍然带着一定程度的模棱两可和担忧。（Moretti 2006: 14）

比吉特·布莱斯勒（Birgit Bräuchler）对印度尼西亚伊斯兰群体的研究是关于原教旨主义的观念是如何在网络空间中传播和加强的：

> 因特网成为了极端穆斯林群体的信息政治的重要工具……圣行的追随者和先知团体（the Followers of the Sunnah and the Community of the Prophet, FKAWJ）的论坛……将他们的战士，所谓的拉卡斯卡·吉哈德（Laskar Jihad）或圣战战士，在2000年4月送到安汶，在马鲁古冲突中帮助他们的穆斯林兄弟对抗“基督教攻击者”——这个冲突也被一些活动分子延伸到了网络空间……通过这些策略，

> 网络上的操作者创造了一个形象，构建了一个与他们的线下哲学相一致，又能延伸其影响力的身分。（Brauchler 2004:267）

正如这些例子所阐明的，世界上的冲突解决、贫困及疾病消除都非常依赖那些能够促进跨文化理解的工作。令人遗憾的是，在这个领域中还有很多事情没有做。但是至少，那些承担这种工作的人感觉到他们所做的是值得的，他们希望这些工作能够产生真正的影响。

第三章　人类学与发展

不同的国家和民族，对于“发展”的理解和定义也有所不同。在全球化的背景下，人类学家试图为每一个人都量身制定一套最得体的发展“盛装”。

批判的发展

发展人类学与援助人类学有很多共同之处，经常需要跨学科合作，同时也几乎不可避免地需要在不同文化群体间互动。长期以来，对跨文化翻译的需求使得发展逐渐成为人类学家感兴趣的一个主要领域。与提供援助一样，人类学家也习惯于分析和批判发展的过程，并在发展过程的各个环节向国际机构、各国政府以及这些组织的受援方提供协助。然而，虽然援助与发展这两个领域之间有许多重合之处，但关键区别在于，提供援助顶多是意图修补或许摇摇欲坠的现状，但发展的基本原则是发起变革（Olivier de Sardan 2005）。因此，尽管同援助一样，发展通常被描述为处理一个急需解决的问题，或一种需要改善的状况，但它更准确地被定义为“或多或少具有计划性的社会与经济变革的同义词”（Hobart 1993: 1）。“发展常常与现代化联系在一起，或等同于现代化；发展是传统社会向现代社会的转变，其特征是技术先进、物质繁荣、政治稳定（Hobart 1993: 5）。

因此，发展的思想基于这样的假设：有些科技、物质、政治目标是所有社会都应该追求的，发达国家应该帮助其他国家来实现这些目标。从表面上看，很难质疑这一原则，尤其全世界仍有许多群体还在挣扎着生存，但总有些重要的问题需要被追问。撇开实用主义现实不谈，“令人向往”的生活方式会消耗大量能源与资源，即便是对于世界上的少数人来说在生态方面也不具可持续性（并且我们还没有成功的解决这个问题）。更复杂的问题是关于被表达为“理想”的价值观，以及将“传统”生活方式转变为更加同质化的“现代”愿景所造成的社会和文化代价。这种现代化愿景则依赖于不断的经济增长和工业生产模式。

“发展”的理念主要产生于战后的欧洲和美国（Arce and Long 1999: 5）。发展的态度和政策基于这样的假设：即那些成功实现现代化的国家具有优越性，而

“落后”与“不发达”国家则被形容为“第三世界”，意味着处于科技劣势与愚昧的起步阶段，发展将帮助他们“迎头赶上”。这意味着当地的传统是一个阻碍“进步”的藩篱而应被摒弃，与第三世界国家建立的“发展主义关系”，要求他们复制欧洲和美国的模式（Escobar 1995）。

由于人类学家与不同的文化群体合作，他们敏锐地意识到，除了这种主导模式之外，还有许多其他选择。作为社会分析人士，他们还观察到，在发展过程中存在着一些高度分化的权力关系，有时，其中一些关系的目的远非利他主义。

> 由于当前流行的论调是对那些不幸运者的利他主义关怀，这对记住发展是一项伟大事业是有益的……以这样或那样的形式，发展不仅对相关的西方工业非常有利，而且对接受援助的政府部门也非常有利，更不用说对发展机构了。而发展援助的提供和制成品市场的扩大，不只是发展援助过程起到的平衡维持作用……而是凭着发展中国家是廉价原材料和劳动力的主要来源。不太明显的是，“不发达”的概念本身以及减轻人们所认为的问题的手

> 段，都是那些占主导地位的大国在对世界现状的描述中提出的。（Hobart 1993: 2）

发展人类学的一个重要方面是：

> 按照劳拉·纳德（Laura Nader）十多年前的建议，应该做“自下而上”的研究，借鉴大机构的流程和政策……发展人类学家还要面临学习政策制定者和宏观经济学家所使用的语言的挑战，那些经济改革与投资项目在世界范围内（我们进行工作和研究的地方）都有着深远的影响。（Little 2005: 53）

在人类学家参与到发展学的早期阶段，人们更倾向于预设这种工作帮助了利他性企业，尽管像大卫·皮特（David Pitt 1976）这样的人类学家提供了一个“自下而上”的视角来研究一个恰好是“自上而下”的过程。约瑟琳·格雷斯（Jocelyn Grace）曾与澳大利亚和美国的政府机构合作，也是早期的一名评论人士，对参与被描述为“西方帝国主义企业”的困境进行了评论：

> 最近，一位银行出纳员问我在大学里做什么。

> 当我解释道我做的是关于印度尼西亚偏远地区的母婴健康方面的研究时，她问："这有什么用呢？"……发展学领域工作的吸引力之一是它看起来提供了这样的机会：可以将知识应用在现实世界中，以产生一些积极的变化。然而，这是一种对发展学、对人类学家在其中扮演的角色乐观而天真的看法。（Grace 1999: 124）

随着市场导向型意识形态的兴起，一个关于发展进程更具分析性的视角正在浮现，而人类学家为发展学领域带来的最重要的一部分贡献是对发展进程所根植的更宏大的社会和政治进程进行了批判性的研究，正如人类学为援助和其他领域所做的贡献一样。这包括研究相关的各方之间到底在发生着什么，解构群体被代表的辞令及方式，观察在资源方面究竟发生着什么，并使涌动的暗流变得清晰可见。这一评论对于在此领域的复杂事件的更深入理解有着巨大的帮助（Nolan 2002，Mosse 2005，Mosse and Lewis 2005）。

“发展”一种理解

赵永俊（Yongjun Zhao，顾问，英国国际发展部，中国）

我在英国国际发展部（DFID）的中国北京分部担任机构与可持续性生活顾问。我的工作是为农村发展、农村供水和卫生、水资源管理、财政改革和中国的转型政策等关键项目提供关于机构发展与治理问题的高质量咨询意见。

我接受过人类学与环境研究的培训，将人类学理论与实践应用于我的工作。在发展行业中，关于发展与治理的人类学评论是非常宝贵的，它使得我认识到机构和治理对实现捐助者的目标是至关重要的。作为顾问，我试图针对政府政策和发展实践进行人类学批评，以此来帮助在政府、捐助机构、民间团体与其他机构之间建立有效的关系。

支持一种草根路径

鲁斯·迪恩雷（Ruth Dearnley，ACTSA，一家非营利性机构）

我的硕士论文特别关注了对“发展”产业及其相关政策的批判性研究。我对能促成“发展”的方法的结构变化非常感兴趣。在非政府组织和发展领域，人类学专业的毕业生似乎有大量的机会。在我看来，这些行业也将受益于人类学的视角：为了实现组织、官僚的目标，理想很容易被抛到一边。作为一名刚刚毕业的大学生，我仍在考虑调整自己的人类学伦理和原则，以适应职场需要。

最近，我在一家名为ACTSA的非营利性组织实习，这家机构起源于反种族隔离运动。而自1994年以来，该组织在南非一直致力于更广泛的目标，比如民主、免除世界债务、从事公平交易等问题。在这个小组织中，我紧密参与各种运动中的协作工作，这个职位使我能够将人类学视角引入到ACTSA所提供的那些“草根”方法中。

人类学提供了批判性、分析性和客观思考的能力，并将这些特性应用到专业环境里日常的问题解决中。此外，人类学的理解能提高一个人在与意见和观点相互冲突的人们共事时能够运用外交手腕的能力。

在发展中

人类学家也密切参与发展活动。在地方一级，使潜在的底层现实变得可见也同样具有重要性。阿尔伯特·阿斯与诺曼·朗（Alberto Arce and Norman Long，1999: 2）认为我们迫切需要基于民族志的实证研究以阐明当地的现实，并将这些信息传达给发展机构。这些投入在每个阶段都是至关重要的：如在为项目制定适当的计划时，在执行这些任务并确保尊重当地的文化信仰和价值观时，以及在评估进展和成果时。

文化与发展活动

斯卡里特·爱普斯坦（Scarlett Epstein，PEGS实践教育和教育支持，京士威，英国）

我已经退休20年了，在此期间我一直继续在发展人类学领域工作，指导研究项目，解决发展中社会面临的问题。我的第一个项目是关于人口增长和乡村贫困的为期四年的跨文化研究，第二个项目是关于农村妇女在发展中作用的行动导向研究。我让来自第三世界国家的博士生参与了这项研究。我的学生中有20%目前在各自的国家担任教授；另外20%从事卫生和教育工作，还有60%参与非洲和亚洲的发展项目。

理想情况下，人类学家将参与发展的每一个阶段。例如，泰德·格林在发展领域工作多年（Green 1986）。这使得他参与一个在非洲东南部斯威士兰的项目的方案设计，该项目旨在帮助妇女的自助群体，当地语言称为

“zenzele”[①]（Green1998）。他在早期研究中就表明这些自主群体与其他发展项目之间存在着正相关关系。因此美国国际开发署（USAID）决定给zenzele群体领导人提供发展培训，并请他帮助设计项目方案。在项目运行了几年后，泰德被邀请回来评估项目进展。他的质性分析是基于此区域的详细的人种学研究，能够展示培训方案的许多往往非常微妙的社会经济影响，还包括关于乡村发展以及妇女政治地位更广泛的理论贡献。

影响全球规划和政策

爱德华·格林（Edward Green，哈佛大学人口与发展研究中心高级研究员）

上世纪70年代末，我努力在学术界站稳脚跟。人类学等领域的博士数量一直在过剩，因为有些人同我一样巧妙地找到了通过在研究生院逗留来逃避越南战争征兵的方法。在我在西弗吉尼亚大学（West Virginia University）任职的两年时间里，一位同事不止一次建议我把人类学应用到发展中国家的问题上，或许会比撰写有关母系亲属关系的学术论文更令人满意。母系亲属关系是我学位论文的

① “zenzele”意即“自己做”。

主题。

1980年，我设法在斯威士兰的一个农村水源性疾病项目中找到了一份为期三年的社会科学工作。我很快就偏离了我的职责，开始花时间与传统治疗师（被无辜地贴上“巫医”标签）相处。接着，另一个项目需要有人对作为公共卫生事业潜在伙伴的传统治疗师做一个快速研究，例如推广腹泻病儿童的口服水合疗法。我很高兴地接受了这个额外的任务，于是踏上了一条持续了近20年的职业道路。我们发明了一种方法，即特定主题的双向医学和治疗知识交流工作坊（我们避免使用培训一词），主题先是关于腹泻病，后来又转为避孕、性传播疾病和艾滋病等。除了斯威士兰，我还在南非、莫桑比克、尼日利亚发起了类似的项目，并曾在赞比亚做过一段时间此类项目的顾问。

激励我们工作的一个预设是：那些在旨在鼓励行为改变，或者采用新技术的公共卫生领域的努力，能够且应当利用传统治疗师的声望、信誉、权威和广泛的有效性，特别是在一个卫生基础设施极其薄弱的国家。这一指导思想旨在与当地的治疗师结盟，而不是忽视或对抗他们。

研究表明，传统治疗师在非洲遇见和治疗的很多是性传播疾病（STD）。治疗人员有时还会在上药的时候使用小刀与剃刀，这可能会促使艾滋病毒的传播。至少80%的非洲人仅仅依赖传统治疗师来治疗各种疾病，即使许多人也会咨询生物医学专业的医生。在莫桑比克，依赖传统医疗的比例更高。我们小组做的初步人口普查显示：一个传统医师大约负责200人，而莫桑比克的医生与人口比约为1：50000，其中52%的医生都集中在首都。

一旦研究提供了民族医学信息的基础，我们就可以在当地信仰和实践的基础之上来确定西方医学和本土思维之间的共同基础。我们的假设是，民族医学实践（通过西方的公共卫生措施）既可以被认为是促进健康或损害健康的，也可以被认为没有直接的健康后果，但具有文化价值。简单地说，我们的战略是鼓励促进健康的做法，劝阻那些损害健康的做法，尊重其余的做法，但不予干预。

接下来，我们制定了一个与传统治疗师沟通的策略，其中包含了以下元素。我们受过医学培训的工作人员充分了解了当地的卫生知识，从而制定了远远超出简单地使用当地疾病名称的教育战略；在可行的范围内，我们还结合了本土的理念、符号和当地普遍采用的实践。

我在几本书以及期刊文章、书籍章节和会议报告中记录了我在民族医学方面的研究，以及我与非洲治疗师的合作。最重要的是，联合国、世界银行、美国国际开发署和世界卫生组织等主要捐助机构都开始相信并支持与传统治疗师的合作，并将其作为实现公共卫生目标的一种有效途径。

我希望能留在这个热门的研究和应用工作领域，但是在2001年，我的职业生涯转向了在相同环境下并不热门的工作。我的研究表明，有着多个性伴侣，或者自己的性伴侣同时交往多个性伴侣的情况，会导致以性为传播途径的艾滋病病毒的传染，因此这种行为应该成为被改变的目标（同时要提高避孕套的使用率）。在所有国家中，乌干达的艾滋病毒感染下降幅度最大。乌干达本土兴起的预防计划，主要是基于行为的改变，尤其是减少随意的性行为，尽管避孕套和推迟初次性行为在预防艾滋病中也起到了一定的作用，然而很多艾滋病专家拒绝接受这么简单的事实。人们总是倾向于认为，我们可以依靠技术手段来解决植根于不同文化的复杂行为问题。我从2001年到2002年花了两年时间写了一本书，名为《艾滋病预防的再思考》并尽可能多地发出呼吁（Green 2003）。我与一位哈佛大学的乌干达传染病专家合作，经常一起做节目，包括在美国之音的电视节目。我在国会四次作证，在《纽约时报》和《华盛顿邮报》上发表专栏文章，在任何我参加的论坛上，我都主张“基本行为的改变”应该被推广，尤其是像艾滋病这样的普遍性传染病。

在2003年12月，我受邀成为一个艾滋病相关代表团成员，访问非洲四个国家。我的《再思考》一书恰在那之前的一个月出版，它激起了艾滋病预防手段的热烈讨论和辩论。现在似乎有更多的人接受这样的观点：既需要以行为基础的基本预防手段，也需要以技术为基础的风险降低手段。

连接多方现实

与援助一样，发展常常被想象成（和表现成）捐助者掌握主动权“自上而下”地向相对被动的弱势群体调配援助。尽管被指出这种关系往往权力不对等，但是将援助和发展视为是群体之间的相互作用则是更好的一种分析性的考虑方式。人类学家一直都注意到在发展中存在着“多种现实”（Grillo and Stirrat 1997），并且他们的主要贡献之一，是进行民族志研究，“明确地开始将当地人的理解和实践与外部的研究及开发人员建立联系”（Sillitoe 1998：224）。

在发展中促进有意义的参与

保罗·西里特（Paul Sillitoe，人类学教授，杜伦大学，英国）

我作为一名咨询师供职于双边或者国际机构（国际发展部，粮农组织，联合国教科文组织，德国技术合作公司），以及国际石油和国际矿物公司。我还获得了研究基金，以帮助将本土知识（indigenous knowledge）与发展项目融合起来（在发展学领域中，本土知识首字母的缩写为IK）。与发展领域实践者，以及自然资源科学家一起工作成为必要，这可以帮助他们在工作中获知当地视角下的信息。

发展项目分为几个阶段：项目选定、规划和准备、议案评估、项目实施、项目监督和最终评审。人类学可以很好地贡献于每一阶段。通过长期的研究而密切了解区域和社区情况的人类学家完全有资格协助项目的选定，并还可能使当地人民有意义地参与项目进程。项目的成功取决于预期受益者的真正参与，但往往项目却是由对当地知之甚少和投入不足的机构专家来安排的。例如，我记得一个和国际农业发展基金会（IFAD）的一个小组举行了一次会议，讨论整个南亚项目的确认工作。他们在一个月内访问了六个国家，在每个地方停留了一天左右。这根本无法对潜在的项目进行鉴定和确认，更不用说让当地人参与其中了。一些人用“发展旅游者”这样的贬义词来形容此类咨询专家。

人类学家还可以对规划和准备以及项目建议的评估做出有价值的贡献。他们的心态是促进有意义的参与，而不是强加一种预设的模式。将人类学纳入项目有助于理解当地人的观点，并确保本土的声音以他们自己的措辞被听到。例如，在孟加拉国的一个灌溉工程项目中，显然必须对当地的土地所有权和农村权力结构有一个良好的了解，才能规划一个可行的方案。这不仅仅是深井和运河工程的一个个案，也是找到一种在当地可行的运营和维护方案的方法的案例。在耗资数十亿美元修建堤坝和运河的洪水行动计划（FAP）的项目实施后，地方协商的重要性变得显而易见。我记得一位国际发展部的渔业顾问惊讶地问，为什么当地农民要挖开一条新的堤坝，破坏了造价高昂的防洪工程安排：是什么驱使人们做这样的事情？事实证明，堤坝并没有让季风带来的洪水退去，反而阻碍了农民种植下一轮水稻。

人类学家还参与项目实施工作，这通常涉及管理其他工作人员，包括当地的参与者。人类学家在这方面也有特殊的贡献，他们熟悉其他文化的工作方式，不会把“西方”管理体制强加于人。人类学家还可以对项目的监测和评估做出有益的贡献，提出别人想不到的问题。

这一领域的大多数发展工作者和自然科学家都致力于解决困扰许多人生活的贫困问题，并对我们的努力表示赞同，他们认识到，在过去，大量资金被浪费在那些忽视当地人想法的倡议上。尽管如此，他们还是对人类学感到困惑，正如一位自然科学家同事所言：“和你一起做研究就像没带降落伞就从飞机上跳下来，希望事情会在下降的过程中得到解决。”因此，我们必须努力让人类学更容易被他人理解，这样他们才能明白这门学科的贡献。

将本土知识纳入发展进程始终是一项挑战。我们需要满足发展的需要，使其具有成本效益和时间效益，生成非专业人士也能易于理解的人类学见解，同时不淡化其复杂性。本土知识的独特性——小规模、文化上的特殊性和地理上的地方性——妨碍了其被纳入发展的浪潮，也阻碍了将其概括以为更广泛的政策和实践提供信息。我们需要找到一些原则，既能促进概括与推广，又不传递在其他情况下可能不适当的思想。我和我的同事们已经设法提出了一些有助于这一进程的方法论（Sillitoe，Dixon and Barr

2005）。

跨学科方法是本土知识研究的核心，将社会科学家的文化同理心与其他专家的技术诀窍结合起来。一个完整的视角既需要向其他学科学习，也需要向当地人学习。各方之间必须有真正的思想和信息交流。例如，人们越来越意识到，在巴布亚新几内亚的热带雨林不是纯粹“原始”的环境，其几千年来一直受到人类活动的影响。因此创建把人类排除在外的保护区的想法并没有生态层面的意义（即使它在政治层面是可行的），因为人类一直是当地的生态系统的一部分。所以，为了满足保护区的利益，生物学家有必要与人类学家密切合作来了解当地人对森林的利用。成功取决于达成共识、共同所有和公开辩论。必须促成一种既不威胁科学利益也不威胁地方利益的合作氛围，使得所有各方都在谈判中发挥作用，贡献重要的技能与知识。

在发展领域的工作中，人类学家在其他一些领域中进行的专门化研究会非常有用，比如在卫生保健、人口统计学、治理、自然资源、工程和教育等领域。我个人的兴趣就包括自然资源管理、适用技术和发展学，尤其对可持续性和不断变化的社会和政治关系感兴趣。

乍一看，关于本土知识（IK）的工作似乎很简单：

我们只需要问问当地文化传承者的看法。但我们很快就会遇到跨文化的问题，这些问题对我们自认为知道的东西构成了挑战。知识是分散的，不是同质的；当地的共识（local consensus）往往很少。很多信息是通过实践经验传递的，人们不熟悉用语言表达他们所知道的一切。知识也还可能通过使用本族的习惯用语进行代际传递，包括符号、神话、仪式等等。把它翻译成外来词和概念可能会曲解他人的观点和行为。本土知识的演化也出现困难：它不可能记录一次然后一劳永逸。因此，我们需要一个可迭代的策略，将正在进行的本土知识研究与发展学的干预紧密联系起来。

形成对当地知识和实践的有意义的洞见可能需要几年时间（不是几个月或几周），并从这个角度为开发机构提供“文化翻译”。在政治驱动的短期快速需求的背景下，这往往是有问题的。不仅仅是一个学习语言、文化、社会场景等的时间问题，而且需要投资一定的时间和精力来赢得当地社区的信任和信心，而他们往往有充足的理由怀疑外国人和他们的意图。

我们不能孤立地看文化的个体部分来理解文化，而是必须考虑整体。例如，在巴布亚新几内亚的油田开发中，宗教信仰被认为似乎不太可能会成为一个问题，但宗教信仰因素正是人们说到石油开采的时候所议论的。当地的人们认为石油是钻头刺到了一条潜在地下的巨型多头蛇的身体而流出来的。这种想法源于他们的信仰，即灵魂有时会以可怕的蛇的形式出现。因此，他们对石油和天然气开发的宇宙哲学上的意义及其导致灾难的可能性越来越感到焦虑。这些观点对于石油工业的从业者来说可能很奇怪，但他们显然需要了解这些观点，才能理解当地土地所有者的反应和要求，因为获得土地所有者的许可是生产所必需的。

我们还需要注意，在积累与发展问题没有直接关系的民族志信息时要谨慎，不要以超出人们控制的方式表现他们的知识，这可能会侵犯他们的知识产权，从而削弱人们的赋权。这些问题是人类学家经过训练后所意识到的，并且是他们能够对发展做出重大贡献的有利条件。这是加入这一领域的一个令人兴奋和具有挑战性的时代。

“多种现实”在一定程度上是由不同的知识体构成的，而这些知识体往往高度本土化和具体化。它们包含自己专门的知识领域，对相关的文化群体来说也十分重要，为发展项目能够成功而发挥宝贵的作用。当地知识在其他领域也可能产生很大贡献，例如在医学和环境保护方面。人类学家也经常在确保本土知识的保存和价值方面发挥重要的影响力。达雷尔·波西（Darrell Posey）花了多年时间记录南美洲土著群体的民族植物学，并强调这种专业知识与当代生态管理密切相关（Posey 2002）[①]。拉贾·辛哈与史瓦塔·辛哈（Rajiv Sinha and Shweta Sinha 2001）记录了印度当地的治疗性植物的知识，米歇尔·海格蒙（Michelle Hegmon）和她的同事则提供了从史前到现在的美洲土著民族植物学的记录，并指出与当前农业和保护实践相关的一些经验教训（Hegmon et al. 2005）。

确保将当地知识用于发展项目的一个关键方法是通过参与性的方法将其融合进人类学研究。

> 今天，许多人类学研究方法在国际发展上被广为认可……参与性研究评估（PRA）运动在20世纪80年代和90年代冲击了国际发展，甚至被诸如世界银行（World Bank）或美国国际开发署（USAID）这样的主流组织采用……参与式方法旨在使当地人民以一

---

① 达雷尔·波西（Darrell Posey）于2001年去世。他作为一名坚定的积极分子被我们中的许多人铭记。他一生都在为帮助本土群体保存和保护自己的传统知识而努力。

种参与的、有自身利益考量的方式融入其中，而不是使人们仅仅成为研究的对象，如若那样，研究的结果就只对科学家有益。（Rhoades 2005: 72）

罗伯特·罗迪斯（Robert Rhoades）（我们在第一章提及的讨论了辩护与倡导的一位人类学家）指出了国际马铃薯研究中心农业人类学家的努力。该中心有5个主要目标：增加马铃薯产量、保护环境、拯救生物多样性、改进政策和加强国家研究。人类学家与国际马铃薯中心的跨学科研究团队在所有的这些领域都进行了合作，并在将地方视角纳入其中上发挥了关键作用。

人类学家帮助一组专门聚焦马铃薯“收获期后阶段”的技术科学家创造了一种新的土豆储藏系统，随后被20多个国家的数千名农民采用。作为此团队的文化经纪人、人类学家们证明了对农民的条件持“科学的先入之见”是不正确的，并指出了科学家和农民有可以相互交流的共同基础。（Rhoades 2005: 72–74）

人类学家成功地突出了农民的真正关切点，并展示了使用既符合当地社会和文化传统，又非常实用的储存方法的种种优点。通过“翻译”农民的经验并展示其效用，他们能够说服科学界相信更多的合作方法可以带来更大的收获。该中心调整了其发展政策，以适应当地的文化现实，跨学科团队据此开创了新的方法，该模式有助于建立参与式研究运动。

> 人类学在这类研究中的优势在于它的比较方法和分析整个系统（而不仅仅是组成部分）的能力。该中心的其他科学家，如育种家或农学家，对他们研究的作物有一个非常精确但过于简化的观点。另一方面，人类学家对农民如何适应环境以及人类文化在这种适应中的作用也很感兴趣。（Rhoades 2005: 75）

人类学家们继续收集了132个不同国家马铃薯生产的信息。从那时起，该小组的民族志信息模型就被应用到世界各地许多其他作物的研究中。

农业作为人类的一项核心活动，仍然是发展人类学家感兴趣的一个主要领域。吉姆斯·法尔海德（James Fairhead 1990，1993）关注扎伊尔农业社区的当地知识；伊丽莎白·克罗尔和大卫·帕金（Elisabeth Croll and David

Parkin 1992）召集了一些研究人员来研究人类学、环境和发展之间的关系；帕特里克·赫尔曼和理查德·库珀（Patrick Herman and Richard Kuper 2003）的工作关注的是国际贸易谈判对欧洲农民的影响；米兰达·欧文（Miranda Irving）的研究集中在围绕阿曼农业和灌溉提出的问题上（见她自传的结尾部分）。然而，农业不仅仅是一种经济和实践活动，它也是一种生活方式。在与新西兰山区牧羊农民的合作中，米歇尔·多米尼（Michele Dominy 2001）探究了在一个移民社会中，他们如何构建自己的身分和对土地的依恋。

即便在最好的情况下，农业也是一种不确定性很高的生活方式，也不是所有的发展项目都能成功。有时人类学家被要求找出他们失败的原因。例如，在秘鲁和玻利维亚安第斯山脉交界处的的的喀喀湖（Lake Titicaca）上，本杰明·奥洛夫（Benjamin Orlove）和多米尼克·利维耶（Dominique LeVieil 1989）比较了私人养鱼罐头厂、国营和私营鳟鱼养殖场以及一个由国际非政府组织协助的鳟鱼笼项目。它们都是为了增加鱼类产量而设立的，但在20年的时间里，它们都失败了。民族志分析指出，有必要更谨慎地开展发展项目，这表明，项目的失败在很大程度上是因为遥远的国家政府官员缺乏责任感，他们无法控制湖中的过度捕捞，也无法提供定期的专业援助。在这种情况下，参与项目的非政府组织也变成了能够设立项目而不能对结果负责的组织。这印证了卡罗尔·史密斯（Carol Smith 1996: 41）所提出的“第三世界大部分地区的发展机构缺乏公众责任”。

描绘出提供发展援助的努力与援助到达时与现实之间的差别是一项挑战，识别出决定项目成功与否的因素也是一项挑战。珍妮·韦德尔（Janine Wedel）花了十年时间研究东欧剧变后西方援助对东欧的影响，她强调有必要将整个过程跟踪到底：

> 我从捐助方的政策、具体方案、措辞和组织方式等方面了解了援助情况……再到对因这些政策而受到巨大影响的受援者……我的结论是，援助者与受援者实际联系的方式可以在援助结果中发挥关键作用。涉及的个人、建立联系的方法以及他们联系的环境都是至关重要的。然而，这正是这个过程中经常被忽视的元素……许多人讨论了援助的必要性及其将解决的具体问题……然而，援助如何提供、由谁提供、向谁提供、他们的目标以及围绕这些人及其活动的环境是至关重要的。它决定了受助人实

际上得到了什么，他们会如何回应，以及援助是成功还是失败。（Wedel 2004: 14–15）

许多发展项目都涉及提供贷款，旨在促进经济活动。这种扶持不仅具有创造经济变革的巨大潜力，而且具有重新安排社会、文化和政治关系的巨大潜力。关键的问题是：谁会通过贷款计划获得财富或权力？而谁又会失去？这些计划如何影响文化信仰、价值观和实践行为？这些问题已经成为雷蒙德·奥卡西奥（Raymond Ocasio）与洪都拉斯接受城市卫生贷款的社区合作的重点（Ocasio et al. 1995）。西德尼·鲁思·舒勒（Sidney Ruth Schuler）和赛义德·哈什米（Syed Hashemi）在孟加拉国进行研究时发现，与其他发展项目一样，贷款计划中也存在一些围绕性别和平等的大问题。他们的研究着眼于妇女参与农村信贷计划、自主创业对妇女地位和自主权的赋权作用以及对自身生育能力的控制之间的关系："参与信贷计划似乎赋予妇女权力……加强妇女在经济上的作用，使她们在家庭的重要决定方面有更多的自主权和更多的控制权，并有助于增强她们的自信心和规划未来的能力。"（Schuler and Hashemi 2002: 278，292）。

人类学中的女权主义方法特别重视性别关系，并经常与期望可以帮助妇女和儿童的那些援助和发展活动联系在一起。例如，苏哈·苏卡瑞–斯道拉博（Soheir sukary -stolba）在非洲、亚洲，特别是中东的19个不同国家开展了旨在帮助贫困农村妇女，特别是单身母亲和寡妇的项目。她帮助设计了给助产士进行计划生育培训的课程，就关于水的问题采访了农村妇女，并在调查儿童疾病的研究中与她们进行合作（Gwynne 2003a: 123）。

与健康有关的发展同其他形式的发展活动一样，受益于一种整体性方法。因此，艾略特·弗拉金和艾瑞克·罗斯（Elliot Fratkin and Eric Roth 2005）在肯尼亚北部与之前偏游牧的牧民合作时，考虑了他们近期定居所带来的广泛的社会、经济和健康方面的影响。迈克尔·特里索里尼在圣卢西亚公立医院的研究中（Trisolini et al. 1992），也将研究定位在社会背景下，从而证明了社区参与健康管理的必要性。这项研究回顾了由德莫特里·什姆金（Demetri Shimkin）早在20世纪60年代的著作中就确立的一个信息，即关注密西西比农村地区的社区卫生工作者的角色，并指出了需要：

> ……对社区运行的社会、经济、政治和卫生系统进行全面而透彻的了解……任何健康行为的改

> 变…只有在采用文化敏感的和适当的模式时才能被促成……多代大家庭的社会体系和宗教活动被用作改变高风险健康行为的立足点……通过了解社区，可测量的健康结果产生了真正的变化。（Shimkin 1996: 287，292）

什姆金（Shimkin）继续研究非洲的健康问题，并发表了如下评论：

> 国外援助的模式并非最佳。一个主要的困难是，每个援助者都关心自己的优先事项和运营方式……外国援助者之间以及外部和国内项目之间的合作力度普遍很薄弱。因此，反馈往往很少，卫生设施和能力的长期改善往往微乎其微……在这方面，社会和行为科学具有特殊的重要性。对其的适当使用对于健全的流行病学和有效的卫生服务设计是必不可少的。（Shimkin 1996: 285–286）

保留文化多样性

对当地社区的一个重要外部压力是，世界范围内对保护野生动物和栖息地的支持日益增长。虽然这种努力对维持生物多样性无疑是至关重要的，但它们往往忽视了当地人民的需要，因为当地人民可能依靠同一片土地及其资源的经济使用来维持其食物和生活。试图用一种把资源保护和发展旅游业结合起来的跨国模式来取代当地生产方式的努力在一些地区引起了重大冲突。

除了强调这些冲突所引发的社会公正问题外，人类学家还认为，文化多样性与生物多样性同等重要，这不仅是为了人类的福祉，还因为它在保护其他物种方面可能更有效。他们表明，在维持生物多样性方面，小规模社会进行的低调的环境管理与把“国家公园”和更密集的周边开发相结合的方式来说同样有效，有时甚至比之更有效。彼得·利特尔（Peter Little）以他对肯尼亚马赛牧人的研究为例：

> 我受肯尼亚野生动物管理局（KWS）的邀请，帮助建立一个社会经济监督机构，以检视项目影响，并收集一个以社区为基础的保护项目的实时数据。
>
> 东非牧民的谋生方式在塑造热带稀树大草原的景观及其当地丰富的生物多样性方面所起的作用不能低估。东非拥有丰富的历史和考古记录，记录

了牧区对稀树大草原栖息地和野生动物群落的重要影响……这一证据有力地表明，东非的稀树草原生态系统支持着世界上最丰富的大型哺乳动物的种类、数量和密度，而这套系统是由人类活动所塑造的，而不是早期探险家和博物学家常认为的荒野地区……

由于国家公园和野生动物保护区的扩大，目前发挥着如此重要作用的牧民社区越来越贫困，因为他们失去了获得宝贵牧场和重要水源的途径。自20世纪40年代以来，至少有20%的马赛族重要牧场被野生动物保护区和公园接管。（Little 2005: 48）

幸运的是，肯尼亚野生动物服务机构由著名的人类学家理查德·里奇（Richard Leakey）领导，他指出马赛牧民“是杰出的自然资源保护者……如果马赛人没有那么宽容，我们今天就不会在马赛马拉发现任何野生动物。”

人类学家参与这些讨论，有助于说服国际保护组织更仔细地考虑当地社区的作用，并与他们合作，努力保护野生动物和更广泛的生态系统。

> 最近在肯尼亚发生的事件引发了一些有益的、实质上并不矛盾的反思，将牧区土地使用方式对稀树草原景观产生的积极影响进行再次审视……在审视肯尼亚一些最重要的野生动物保护区附近的大规模细分和资本密集型农业的前景时，国际保护组织和政府现在开始回归对土地的牧区式使用……因为它对野生动物保护有好处。（Little 2005: 48–49）

澳大利亚也取得了类似的进展，那里的保护组织越来越热衷于与土著人合作。因为人类学家如鲍勃·莱顿（Bob Layton）的努力，乌卢鲁（Uluru /Ayers Rock）和卡卡都（Kakadu）国家公园现在都由国家公园护林员和当地土著社区共同管理（Layton 1989）。在北昆士兰，我进行了多年研究，当地土著社区建立了澳大利亚第一批河流流域管理集团之一，在米切尔河流域地区召集了不同的用水群体，开展了更多的协作式管理。

在面临大规模的基础设施建设计划时，保护组织和土著社区有时会站在同一阵线。大型水坝和水电项目是这些项目中最具争议的，就像在其他的发展形式中一样，对各种群体的不同观点进行了解是至关重要的，预期此类计划将产生的潜在影响也非常重要，因为这些计划往往会让整个社区流离失所。这些发展得益于“社会影响分析”，这是一种系统地考虑项目将对当地群体产生何种影响的方法（Goldman 2000）。因此，在加拿大，当一项大型詹姆斯湾水电开发计划被提出时，一些人类学家对克里部落进行了研究：

> 麦吉尔大学的发展人类学研究项目就水电项目的后果提供了广泛的社会影响研究资料。这些社会影响研究使得克里人（the Cree）能够为他们在他们的实际案例中提出诉求作准备，以便强调水电项目对他们生存基础的威胁。这促成了如詹姆士湾和魁北克省北部协议等的措施，留出一定专用的克

里族的领土，保留约22种鱼类和游戏并为当地的狩猎管理员制定了一项计划，使克里人能够更有效地监控白人入侵他们狩猎领地所造成的影响。克里族人还接管了该地区的码头舾装，并共同控制着有关狩猎配额的决定。该协定确立了克里人获得肉类产出的权利，克里猎人和捕猎者的收入保障方案被证明是一个安全经济网，可以抵消打猎产量的波动。（Hedican 1995: 155–156）

但大坝建设在世界各地仍在继续：三吉乌·卡格兰姆（Sanjeev Khagram2004）和兰吉·德威蒂（Ranjit Dwivedi 1999）强调了印度修建有争议的讷尔默达大坝而产生的社会和文化问题；其他人种学家也指出，修建大坝造成的这种迁移尤其会对农村妇女造成权利剥夺的消极影响（Tan et al. 2001）。我本人最近的工作是关注澳大利亚水坝和水资源的冲突（Strang 2009）。伴随着密集的发展议程，争夺淡水资源的控制和利用已成为一个主要问题。“水的故事往往是一个在几种力量之间的冲突和斗争的故事，是自我利益和代表进步的机遇之间、是社区的价值观和传统生活方式的需求之间的一种角力。”（Donahue and Johnston 1998: 3）

全球化

显然，发展的主要压力之一是全球化进程本身。在新千年里，全球格局虽然保持了以往许多财富和权力的分化，但新信息技术、快速运输和通信、资本和大宗商品的流动，使全球格局变得极为复杂。因此，人类学家也把他们的分析转向思考发展活动如何在这些更广泛的过程中发挥作用。除了创造更大的市场和对资源的新需求外，全球化还要求形成许多新的跨文化关系，诸如跨国公司网络和当地社区之间、大小社会之间、物质富裕的国家和贫穷的国家之间。在这种不断加强的全球互动中，既需要有效的跨文化“翻译”，也需要对其社会和文化影响进行深入分析。

安吉拉·彻特（Angela Cheater 1995）、马克·艾德曼（Marc Edelman）和安吉莉可·豪格鲁德（Angelique Haugerud 2005）等人类学家试图提出一些新的方法来分析地方和全球动态之间的联系。更具体地说，阿克里·古普塔（Akhil Gupta）和阿拉德哈娜·夏尔马（Aradhana Sharma）思考了全球化如何改变关于国家、国家地位和身分的观念。他们研究了印度的呼叫中心，以及将工作外包给劳动力更廉价的国家所带来的问题，发现了这一点：

> 外包既被视为国家开放现代化的标志，也被跨国资本主义的捍卫者视为良好的宏观经济自由化，同时被视为经济民族主义者削弱国家主权和控制的有力象征……作为经济全球化的一个标志，呼叫中心成为了“外包”工作的辩论中的焦点。作为削减成本措施的一部分，企业以及越来越多的工业发达国家政府机构，正将客户服务和加工处理等相关工作外包给工业不发达国家……反对外包的声音日益增强，很重要的担忧之一是，工业发达国家的高端白领工人正面临被工业不发达国家（尤其是在印度次大陆）廉价劳动力取代的危险。一些人曾为全球竞争的效率而欢呼，认为全球竞争加速了工业发达国家工会化程度很高的“烟囱行业”（指低技术制造业）的衰落，但现在他们又变成了经济民族主义者，因为他们发现自己面临着被同样的资本主义势力取代的危险。新兴的跨国经济秩序正在改变公民、国家认同和国家之间的关系。（Gupta and Sharma 2006: 2，4）

跨国贸易有多种形式，有时伴随着广泛而分散的影响。例如，曾是世界上发展最快的行业之一的国际旅游业，将不同的文化群体联系起来，并且施以一系列的发展压力，这是人类学家感兴趣的一个重要领域。因此，吉姆斯·卡瑞尔（James Carrier 2004）研究了在关于牙买加海岸公园的辩论中，关于环境的 “本土的”和“全球的”两种理解是如何融合的。多恩·马克龙（Don Macleod 2004）展示出了多米尼加共和国旅游业导致当地环境和资源被大规模占用的过程；肯尼斯·麦克唐纳（Kenneth Macdonald 2004）对巴基斯坦山区旅游业的研究展现了如何将保护性的观念作为一种“可选择的发展观”，资源保护的视角将当地动物群重新定位成一种“全球性资产”，将当地无规制的狩猎界定成“偷猎”，取而代之的是更具可持续性的对富有的外国人开放的战利品狩猎。

然而，旅游业是一把双刃剑，它也可以帮助当地群体维持一种生活方式：“土著群体的文化生存……环境和野生动物的生存是紧密相连的，据一些人说，这可以促成有利于当地发展的新型旅游活动（包括生态旅游）。”（Little 2005: 50）

在使富裕社会更加注重其他社会的现实方面，国际旅游业也有助于相对劣势的群体“公平贸易”的诉求。彼得·乐施福（Peter Luetchford）的工作研究了道德动机驱动的贸易运营方式。他对咖啡生产商合作社与哥斯达黎加境内同公平贸易伙伴和工业发达国家商品市场谈判的各种非政府组织及其之间的关系进行了人种志研究。

> 尽管我已经表明，由于政策性的公平贸易的运作并不全然如预期，但它至少是可执行的。公平贸易为发展打开了道德、经济和政治的可能性……从人种志的角度我们可以看到政策是如何在实践中形成的。（Luetchford 2005: 144）

全球化市场还有更多的问题。例如，南希·沙帕-休（Nancy Scheper-Hughes）被邀请协助一个国际特别工作组，研究全球人体器官移植交易所引发的问题。她在巴西、南非和印度进行了人种志研究。

> ……检视人体器官商业化的伦理、社会和医疗影响，以及关于针对采购和分配器官以便供应日益增长的全球市场需要的侵犯人权的指控。
>
> （这牵涉到）……闯入陌生的、有时敌对和危险的领域来探索器官收集和移植的实践，在太平

> 间、实验室、监狱、医院和谨慎的手术室中，身体、身体器官和技术，正在进行跨越城市、地区和国家的边界的交换。事实上，器官移植的每一个环节涉及的地点在某种意义上都是全球网络的一部分。与此同时，移植手术的社会世界是小而个性化的；在上层，它几乎可以被描述为一个面对面的社区。（Scheper–Hughes 2002: 270–271）

对一种被一些人视为“新食人主义”行为的调查引发了许多伦理和社会问题。沙帕–休（Scheper– Hughes）引用韦纳·达斯（Veena Das）的评论：“身体器官的市场价格，即使是公平的价格，也会利用穷人的绝望，将他们的痛苦窃取为机会”（Scheper–Hughes 2002: 280），并做了这样的反思：

> 服务于此特别小组的社会科学家和人权活动人士仍然对基于欧美观念和个人选择的生物伦理观点持深切批评的态度。他们着意的是社会和经济环境，这使得是否出卖肾脏这样的决定发生在印度加尔各答的城市贫民窟或巴西的贫民窟，而不会发生在自由和自主的地区（Scheper–Hughes 2002: 280）

全球化是经济普遍增长和扩张的结果。无论是旅游还是贸易，都不可避免地给资源带来更大的压力，并针对这些资源带来更多的竞争。一个主要后果是，普遍加剧了私有化和剥削的力度，尤其像水和土地这样的重要资源（Goldman 1998，Cohen 2002）。这对每一个文化社区都有重要的社会、政治和环境影响，并且经常导致群体之间的激烈竞争，即使在发达的西方国家也是如此。我举例来说明，例如在英国，人们通过广泛的抗议方式来反对撒切尔夫人1989年把水资源进行私有化（Strang 2004）；再例如，当前在澳大利亚对于水资源分配的冲突等等（Strang 2009）。

虽然这类问题没有简单的解决办法，但人类学研究可以帮助群体之间交流不同的观点，潜在地化解冲突，并促成一些冲突的解决。人类学家的一个关键贡献在于去了解特定的本土环境，以及为什么首先出现的是资源压力和所有权冲突。例如，马修·古特曼（Matthew Gutmann）研究了当地居民对北美自由贸易协定（NAFTA）的看法，该协定在墨西哥引发了一场民众起义：

> 成千上万的佐齐尔人、策尔塔尔人、乔尔人和其他的土著居民们明确表达了他们对北美自由贸

> 易协定非常不同的理解和预期：他们在墨西哥南部恰帕斯州发动武装起义，谴责该协定，并要求为土著人和所有墨西哥人民争取民主、自由和正义。（Gutmann 2006: 170）

在中美洲和南美洲有许多冲突是关于土地和资源的。上世纪80年代，墨西哥试图将水资源私有化引发了低收入城市地区女性的愤怒抗议，她们组织了大规模集会和街道封锁。维维安·贝内特（Vivienne Bennett）的工作主要关注这些抗议背后的政治动态：

> 城市的贫穷妇女往往是因基础设施问题而进行抗议活动的主角，特别是供水服务不足，会给她们的家务劳动带来直接的困难；与此同时，如政党这样的正式政治机构未能充分代表或关注女性的需要。因此，抗议就变成了城市贫困妇女公开表达诉求的机会……妇女行动的目标至少有一部分是为了变革两性关系。（Bennett 1995: 108）

最近玻利维亚试图将水资源私有化也引发了暴力抗议。罗伯特·艾尔布罗（Robert Albro 2005）调查了随后的暴力民变，以及局部地区和全球激进分子网络之间的关系。这项工作是人类学研究的一项重要且不断扩充的部分，其目的是了解新的跨国社会运动，这些运动往往是“反发展”的根源——抵制全球化趋势和反对强加的发展计划（Hobart 1993，Arce and Long 1999）。

地方层面的“反发展”也很明显。詹姆斯·法尔海德和梅丽莎（James Fairhead，Melissa Leach，1996）的工作为非洲的族群之间的相处提供了一些替代性的叙述，以挑战“专家”知识。拉尔夫·戈里奥和安德鲁·斯特拉特（Ralph Grillo and Andrew Stirrat 1997）也指出不仅需要清晰表述参与发展活动的各方视角，也需要考虑当地的族群是如何抵制其他群体因想要达成“现代化”的愿景而强加于他们的观点。因此，不论作为跨学科团队的成员，还是作为个体研究人员，人类学家都密切地参与到发展的各个方面，与世界各地的社群和网络合作。这些社群与网络以各种方式或欢迎或抵制社会和经济的变化，也在此过程中调整着彼此之间的关系。

第四章　人类学与环境

如何与环境和谐共处，是人类需要共同面对的全球性问题。人类学家从各异的文化背景中汲取灵感，为每一个地区寻找一份独特的答案。

“环境”问题

世界各地的环境问题变得日益严峻。显而易见的是，尽管我们面临的大多数挑战都被框定在“气候”、“生态”这样的术语框架下，但其原因却是人为的——它们都是由人类活动引起的。这就迫切需要理解，对于环境，“为什么人类会如此行事”？为什么随着社会发展出现了经济实践活动，但这些活动却引起土地退化、资源过度使用，使其他物种，甚至整个生态系统的健康受到威胁？为什么人类不把人口增长和资源利用控制在可持续发展的水平？是什么使得一些群体的生态足迹比其他群体要小得多？这些问题不是生态问题，它们是社会问题，文化问题，并且涉及特定的信念、价值观和实践，而这些信念、价值观和实践造成了人与物质世界不同的互动方式。

水路和生活方式

维罗妮卡·斯特朗（Veronica Strang，奥克兰大学人类学教授）

对于环境，“为什么人类会如此行事”，这一问题最先让我关注到人类学。我在英国、南美洲、加勒比海和澳大利亚做了多年的自由撰稿人，而后我去了加拿大，主要关注酸雨、水污染等环境和健康问题。所有人都把重点都放在生态问题上：森林过早地进入秋天状态；湖中出现类似“大象鼻涕”的藻类。似乎没有人会问是什么使人们逐渐形成不同的环境价值观，又是什么让人们决定保护或开采自然资源。不久之后，我在澳大利亚偏远地区待了一年，与一个由土著和非土著共同组成的小组合作。很明显，尽管他们在同一个地方做同样的工作，但他们与环境的关系却大相径庭，而且对如何使用和管理土地及资源的价值观也截然不同。这是怎么回事？

回到英格兰后，我天真地想，通过花一两年时间研究人类学，我就可以得到这个问题的答案。我的确得到了一些想法，但这些研究主要是让我意识到这个问题比我想象的要大得多。显然需要做进一步研究，而探寻上述问题答案的想法依然让我兴趣不减，因为我花了几十年的时间探访其他国家的不同地方，有了这种异域文化空间的生活体验，我终于有办法理解我所观察到的事物。为了完成我的博士论文研究，我回到了昆士兰州，去比较米切尔河沿岸不同群体与土地的关系，而这一比较确实让我可以看出一些导致不同环境价值观念形成的因素（Strang 1997）。因为这项工作，我在牛津找到了一些兼职工作，一个是在皮特河博物馆（神奇的地方，有机会的话不能错过的去处）教授人类学，另一个是在牛津大学环境变化研究所，和研究团队一道研究国内能源使用情况。我的任务是研究为什么人们会（或不会）努力节约能源，并将研究结果融入到团队给予环境部长的政策建议中去。

帮助威尔士大学新建人类学系的机会吸引我去威尔士待了几年，在那里我重拾起研究水资源的兴趣（在威尔士就很可能会做这项研究）。我说服了一些英国水务公司资助了在斯陶尔河畔的多塞特的一些研究。和在昆士兰州一样，研究包括对沿河各类用水者进行访谈，以便将人种志数据纳入生态问题的研究。但在这个案例中，我对水蕴含的文化意义更感兴趣。我之所以选择斯陶尔河，是为了与一支名为“共同立场”（Common Ground）的艺术和环境团体合作，他们当时正在与当地团体联合创作有关河流的音乐和诗歌。水具有非常强大和情感化的意义。我的研究着眼于那里的人们如何与水互动，为什么他们不保护水资源，以及为什么（在水行业私有化后十多年）他们仍然因为失去水资源的公共所有权而气得要命（Strang 2004）。

一两年后，我回到了地球的另一端，因为我得到了皇家人类学会的研究职位，课题是“一项紧迫的人类学研究”[①]。回到米切尔河，我在科瓦尼阿马为当地土著做了更多的工作，研究他们如何在政治舞台上展现他们与土地的关系，并与当地的年长者进行了大量的“文化绘图”工作，记录他们的圣地和“有故事的地方”。

当我接受新西兰一个大学的职位时，身在英国的我几乎还都没有安顿下来。理论上讲，英国是我现在居住的地方，尽管在过去的几年里，我在昆士兰州花了很多时间调查布里斯班和米切尔河沿岸水资源更广泛的社会和文化

① 除了这是我获得的最好的工作头衔以外，这也是英国皇家人类学会颁发的一项非常有用的资助，它促使人类学家进行“有急迫需求”的研究，例如，记录只由年长的一代人口头相传的文化数据，或基于紧迫社会需求的领域的研究。

因素。由于澳大利亚一直处于严重的水资源短缺状态，因此在获取水资源方面存在着越来越多的冲突，以致我还得继续忙于这项研究。

由于正在开展的“水资源研究”，我受邀加入联合国教科文组织的国际生态水文计划科学咨询委员会（Scientific Advisory Committee for UNESOC’s International Ecohydrology Programme）。顾名思义，这项计划汇集了来自许多不同国家的生态学和水文学研究人员。然而，直到最近，该研究小组仍很少关注人类与水互动的社会和文化因素。我的任务是协助该项目涵盖这些社会和文化因素。有幸参与这一由世界上最大的非政府组织之一发起的研究，着实是一次新鲜而有趣的经历。

随着水资源压力日益增大，大多数国家正在引入新的水资源管控制度，并试图寻找新的技术解决方案应对水资源短缺。这通常是“自上而下”的行为，而作为一名环境人类学家，我要做的是确保让受变化影响最大的人们的观点的得到清楚的表达，并且在理解引导当地水资源使用和管理的社会、文化信仰和观念的情况下进行改革。

我还想进一步做其他一系列的研究，例如研究花园和公园的水景设计；在畜牧业中使用马匹以及由此产生的人与动物的关系；与水有关的所有权和财产的概念等。这也是个麻烦：因为在学术界内外，人类学可以把你带到任何地点，进入任何研究领域，从而抓住你的想象，让你觉得自己在做一些有价值的事情。

因此，“环境人类学”近年来脱颖而出，但这并不是该学科的新焦点。通常以本地化的“草根”（grassroots）方法为特征的人类学一直密切关注人类群体与其居住地之间的关系，关注人们思考、利用和管理资源的方式。环境人类学家感兴趣的是人口如何与生态契机和制约因素相互作用；是什么让人与环境的关系随着时间而变化；为什么社会有时会做出不可持续的选择（Haenn and Wilk 2006）。过去的研究带给我们很多学习机会，例如弗雷德·克罗斯比（Alfred Crosby 2004）描述了种子、植物、动物和细菌在世界各地活动的长期社会和环境影响；贾里德·戴蒙德（Jared Diamond 2005）广为流传的作品研究了“崩溃”的社会；杰夫·哈里逊和霍华德·莫菲等人类学家（Geoff Harrison and Morphy 1998［1993］）探讨了文化适应如何融入更大的进化过程。人类学家与各种群体和社会合作，包括狩猎采集者、牧民、农业家以及现在占据世界大部分地区的大型工业社会。环境方面有一些重要问题，如特定群体如何理解人与物质世界之间的关系？他们如何安排土地和资源的所有权和管理权？他们的意识形态和价值观是什么样的？具有很强比较性的学科的优点之一是，它显示了不同的文化群体有其非常特别的方式来理解和指导人与环境的关系，这与他们的知识体系及其社会、经济和政治形态有着错综复杂的联系。

例如，对非洲、澳大利亚和南美洲以及世界较冷地区（如阿拉斯加州）的狩猎采集者群体的研究揭示了在其宇宙信仰[①]中，先祖们居于陆地和水中，通常为非人类物种。因此，人与环境的关系往往基于与这些物种的合作关系以及相互支持的责任。在这样的社会中，“传统”[②]的财富和权力体现为生态知识，因为狩猎采集者依赖于对周围环境及其资源的每一个细节的了解。同样，关于当地生态系统的深层知识，往往由依赖轮作园艺或森林园艺为生的小型社区掌握。这种对当地生态知识的深入了解可以维持小规模经济体的运作，考古证据表明这种经济已经持续了数千年。

① “宇宙学”这个名词只是社会对“世界是如何运行的”的理解。这可能是基于宗教信仰、科学形态，或两者兼具。

② “传统的”是一个在学术上多少有些争议的名词，但是我在这儿用它，就像土著群体常常做的，来代表在殖民化之前盛行的习俗、信仰和知识。

今天，很多这样的小群体都面临着压力：他们的土地和资源经常被挪用，他们的生活方式正被大规模社会及其工业经济所吞没。人类学家经常将他们的精力用于记录土著社会非同寻常的文化多样性，部分原因是为了帮助他们保留传统观念和知识，并描绘各种各样的变革和适应过程，通过这些过程，这些群体试图在更大规模的社会和正在经历全球化的世界中“保留自我”。对于环境问题，一些价值观和特点使得他们能够长期维持可持续的生活方式，并使人们考虑是否当代社会可以从这种经验中学习。关于这个问题，一些学者有一些有益的探讨。例如，达雷尔·波西（Darrell Posey 1989）对亚马逊土著群体的研究使他总结认为，其他群体可以从亚马逊土著在森林管理[①]上对生态保持敏感的方法中吸取经验。菲利普·德科拉和吉司利·帕尔森（Gisli Palsson 1996）通过与那些没有将“自然”看作是完全独立于人类体系的群体合作批判地思考了西方社会将“自然”和“文化”完全独立于人类的做法，这种独立使得“自然”被客体化，许多环保主义者认为这是具有剥削性的。对不同观点和价值观的探索很有启发性，这项工作突出了比较社

① 也见Posey and Plenderlieth (2004)，Hornborg and Kurkiala (1998)。

会科学的一个主要成果：通过对不同的理解世界的方式提出见解，使人们能够退后一步，以新的眼光看待自己。当然，如果我们要了解、甚至可能改变那些与环境在社会和生态方面产生不可持续关系的因素，这种反思性观点是必不可少的。

本土知识

人类学对环境领域最重要的影响之一就是认识到资源管理的出现不仅是因为“资源作什么用”的特定文化观念，还来自整个信仰体系和社会的结构安排，包括其治理形式和决策、经济实践、社会和空间组织以及有关资源所有权和获取资源的法律。“治理”不仅仅是政党的问题：在许多社会中，宗教信仰起着同样重要的作用。例如，斯蒂芬·兰辛（Stephen Lansing 1991）对巴厘岛水稻种植者群体的研究表明：水从山区湖泊通过堰坎和水渠流入农民稻田，这种水文管理实际上是由祭司负责的，他们管理着建造在溪流所有关键位置的“水神庙”[1]。兰辛的主要挑战是让想要介入水文管理的“发展专家”理解这

---

① 有一部电影讲述了兰辛在1989年为英国电视四台的《脆弱的地球》系列所做的工作，由安德鲁·辛格（Andrew Singer）执导，叫做《女水神与电脑》。

一现实情况，并教会农民如何更好地管理他们的资源。事实证明，与那些外来机构推行的管理理念相比，当地祭司的水文经验、农民自身种植及虫害管理等方面的知识，再加上让所有人公平获取水资源的社会和宗教力量的协助，这些与当地的生态现实和社会需求更为匹配。“人类学的贡献是突出人们的观点及当地实际情况与规划者和‘专家’意见之间的差距，从而引导人们回归商讨（McDonald 2002: 298）。”

因此，人类学家投入了相当大的精力来记录当地的制度，用于分类和理解当地的生态体系。现在有大量关于“传统生态知识”的文献，不仅提供了关于栖息地和物种信息的丰富词汇，而且还描述了一些非常多样化的思考方法，形成了本地化的专业知识，这些知识有时被称为“人类植物学”、“人类生物学”或“人类科学”（Bicker，Sillitoe and Pottier 2004）。

斯蒂芬·兰辛在向发展专家们“解释”当地知识方面发挥了作用，而这也是环境人类学家经常要做的事。在进行人种学研究时，我们许多人发现自己扮演的是“文化翻译者”的角色，不仅为土著群体或当地农民，而且为参与资源管理的各种群体充当翻译，服务对象通常包括采矿和制造业、政府和非政府机构、自然科学家、流域管理团队、休闲用地和水资源使用者、保护团体等。这些群体中的每一个都对资源管理问题有自己的看法，有自己了解当地生态的方式，自己的知识形式和专长，以及自己的目标和价值观。因此，跨文化翻译可以帮助确保每个群体在行动中都有“发言权”，并且每个群体都可以了解相关的其他观点。如果要达成任何形式的友好协议，这一点非常重要。

当地知识往往具有启发性。例如，詹姆斯·费尔海德（James Fairhead 1993）关于非洲环境变化的研究表明，应对土地退化和森林砍伐等问题的“公认的智慧”常常与当地群体的经验相矛盾。而且，在南美洲工作的罗纳德·尼尔（Ronald Nigh）发现，虽然环境保护主义者认为核心问题是为了发展养牛业而砍伐森林（经常被妖魔化），但对当地情况进行更深入的人类学分析表明，通过直接与养牛户合作来了解和改善他们的管理实践，可以取得更好的结果。这“使我们能将牧场面积减少到已有面积的三分之一甚至十分之一，同时以绝对值增加生物经济产量。该项目还允许重新造林，并产生收入来支持各项改革”（Nigh 2002: 314）。

政治生态学

未与当地群体接触可能会造成很大的社会和生态代价。苏珊·司铎尼芝（Susan Stonich）在洪都拉斯的研究了当政府试图通过扩大沿海虾类养殖来推动经济和偿还外债，却没有考虑到对传统的土地所有者所导致的后果。沿海土地被提供给投资者——通常是政府官员、军事领导人和城市精英。虾的产量实现了巨大飞跃（十年增长了1,611%），但也带来了重大的社会和环境问题。以前的小土地所有者无法插手那些新近私有化的池塘和湿地，他们曾经依赖这些池塘和湿地开展捕捞、收割和收集柴火，几乎没有工作可以取代这些当地的经济实践活动。养虾场摧毁了其他物种必不可少的栖息地，实际上，政府的决定为"该地区永久性的人类和生态危机"创造了条件（Stonich，McGuire 2005: 94）。

这些例子中隐含的一个现实是：生态危机不仅影响植物和动物，而且还影响那些力量不足以将成本转嫁给他人的人。这样的群体有很多，不仅是土著们的土地被更庞大的社会用于建造国家公园或作商业活动用途，而且在上文洪都拉斯的例子中，部分人人们因发展而被剥夺了谋生能力，以致流离失所。再比如，外来的产业化拖网渔船过度捕捞，导致当地渔业从业者们的资源逐渐消失；小农户因产业化农业和城市扩张而被淘汰出局；脆弱环境中不断密集的农业活动导致荒漠化全部人口因此被迫迁移。埃里克·沃尔夫（Eric Wolf）几十年前就指出了这一点：

> 人类不仅仅是参与了将技术应用于自然的“工作过程”……而是陷入争取和保留资源的斗争，抵制或操纵对农村的“资本渗透”，以在机会出现时打击农民反抗的人——陷入利益关系的当权者。（Wolf，McGuire 2005: 92–93）

托马斯·海兰德·埃里克森（Thomas Hylland Eriksen 2001，2003）和詹姆斯·卡里尔（James Carrier 2004）等人类学家强调了理解当地观念与更大规模全球化进程之间关系的重要性。关于环境破坏的社会原因，迈克尔·佩因特和威廉姆·德勒姆指出：我们还需要考虑政策和“导向资源使用的意识形态。例如，快速经济增长是解决社会和环境问题的最佳方式的看法，以及哪些群体从这种意识形态中受益”（ Painter and Durham 1995: 8），还有谁无法从中受益的问题。正如芭芭拉·约翰斯顿（Barbara Johnston 1994）在其书中强调的那样，环境不公正可以理解为一种不平等的交换，在这种交换中，由权力较小的人为更强大群体的致富和安逸买单。

随着人口的增长及生产和消费周期的密集，自然资源的所有权日益受到质疑。世界上大多数国家正在见证水、土地和其他重要资源日益激烈的竞争，主要争论集中于应该在多大程度上保持这些资源的共有或私有化，占支配地位的群体往往会努力，有时甚至以激进的方式，来确保他们能够获得资源及其经济优势。

通过所谓的“政治生态学”[①]来解决这些问题，能深入到表面之下，将权力关系变得明了。这可能涉及分析、有时还需要批评精英们的活动。例如，金姆·富尔顿（Kim Fortun）等人类学家研究了企业环境保护主义及他们构建机构责任和环境管理思想的方式：

> 企业环保主义答应帮助我们清理过去的影响并管理未来风险，同时“通过化学改善生活”……他们对持续性和变革做出承诺，这一承诺的实现有赖于我们积极作出改进，但同时坚持我们索求、回应

① “政治生态学”是指对社会、政治和经济因素是如何影响环境问题的研究。

和理解的方式。（Fortun 1999: 203）[①]

审视不同利益集团的话语，以及它们如何表达和宣传特定的信仰和价值观，是人类学研究的重要组成部分。人类学家还会考虑不同群体如何评估和呈现风险，此外，当地知识的翻译和人类学研究背景的解读也会有所帮助。例如，爱德华·列堡（Edward Liebow）研究了美国华盛顿州的农村土地所有者，分析他们对在附近建造一个大型危险废物焚烧厂的提议有何回应。他指出，当地群体经常被排除在决策之外，从而导致了深层次冲突：

> 从实际上讲，这里的问题是在做出这些选择时谁能获得讨论席位；换言之，什么是适用的知识和见解……人类学在环境规划中的一个具体目标是传达非专业人士的知识和见解，当权者可借用他们的经验对环境危机及负责管理这些危机的公共机构作出判断。（Liebow 2002: 300）

① 富尔顿（1999：240）研究了1984年博帕尔（Bhopal）灾难对不同群体的长期影响。博帕尔灾难即印度的一家联合碳化物公司的工厂发生的爆炸，释放出了大量杀虫剂，导致约1万人遇难，并对约60万人造成了长期的身体和经济危害。

目前关于气候变化的辩论也受益于通常所说的“话语分析”[①]，该研究分析不同群体如何以证实其观点和支持自身利益的方式表达观点。很明显，从分析的角度来说，气候变化这一领域的重要性与日俱增。凯·米尔顿和其他人类学家正在调查公众对这些问题的理解（Milton 2008），迈克尔·格兰茨（Michael Glantz 2001，2003）等研究人员则正在考虑气候变化对社区的社会影响，以及这些影响导致政策制定的变化。一些人类学家直接受雇于气候变化研究机构，例如，安妮特·亨宁（Annette Henning）在瑞典达拉纳大学的太阳能研究中心（SERC）工作，她认为能源使用及其影响迫切需要从社会角度进行分析：

> 气候变化问题需要社会科学家与学术界以外的技术研究人员和专业人士合作进行深入研究……不仅研究世界各地的人类如何适应气候变化需要人类学理论、方法和研究，也许真正有助于减缓气候变化的研究也需要这些理论和方法。（Henning 2005: 8）

① “话语分析”即分析和揭示特定话语中反映出的观念和价值观的过程。

“解读”垃圾

气候变化不是唯一与废物有关且具有潜在的重大社会和生态影响的问题。 在研究其他种类的垃圾时，社会分析也很有启发性。近年来，美国人所谓的“垃圾学”（Buchli et al. 2001）引起了人们的兴趣。威廉姆·赖杰（William Rathje）在亚利桑那州图森市的研究成为了头条新闻，他试图将考古学思路应用于家庭垃圾的研究。正如他所说：

> 所有考古学家都在研究垃圾……我们的数据比大多数人更新……我们缺乏但又需要的是研究人与物之间重大关系的专家，特别是在有效管理资源的需求变得至关重要的当下。垃圾项目研究的是生活垃圾，因为无论是研究古代玛雅还是现代美国，家庭都是社会最普遍和最基本的社会经济单位。（Rathje，Podolefsky and Brown 2003: 98–99）

赖杰（Rathje 2001）关于垃圾的研究工作得到了环境保护署和造纸业固体废物管理委员会的支持，该研究与废物管理规划具有明显的相关性，他在家庭层面及在生产、消费和分销的周期内对食物垃圾的研究也具有这样的相关性。

在产生废物的在更大周期中，每个阶段都至关重要，因而许多环境人类学家与生产食品和商品的团体开展合作，于是就有了“农业人类学”这一个完整的子领域。例如，尤妮达·维纳特（Yunita Winarto 1999）研究了印度尼西亚当地农民和科学家之间关于害虫管理的争论；卡洛琳·萨克斯（Carolyn Sachs 1996）的研究考察了农业中性别角色的构建方式；本·华莱士（Ben Wallace 2006）参与了一个项目，试图了解导致菲律宾森林砍伐的社会压力。这种研究通常是为了帮助制定更好的农业战略，并且在每个例子中，研究人员都将农业的社会和文化方面放在了首位。因此，在加利福尼亚州对草莓种植合作社进行研究时，米里亚姆·威尔斯（Miriam Wells）强调了对合作社的成功做“自上而下”的纯粹的经济评估，与参与者的地方性观点存在差异，当地人认为合作社在为贫困的墨西哥农民提供社会地位、安全、更稳定的家庭和社区生活以及更好的教育和其他社会服务方面具有重要性（Wells，Ervin 2005）。

人与动物的关系

环境人类学家也关注海洋，因为渔业管理在食品供应方面至关重要。关于鱼类种群的生态可持续性，以及以捕鱼为生的许多群体的社会可持续性都存在重大问题。

> 渔业人类学家长期以来一直努力探寻、记录并提出这一没有所有者的资源问题的解决方案……最重要的是，他们提出了共同管理的概念，呼吁当地群体参与对自己资源的管理，坚定地遵循国家和国际资源管理的规划。（Van Willigen 2005: 98）

“没有所有者的资源”提出了关于谁应该拥有获得权的复杂问题。正如人类学家所表明的那样，这是一场权力和政治的角逐。在国际层面，要做配额谈判；在本地，不同的资源使用者和管理者们之间展开较量。因此，研究渔业政策问题的邦妮·麦科伊（Bonnie McCay 2000，2001）探寻渔民和决策者合作的方法，旨在为渔业群体寻找可行的解决方案。不同的地方管理方案都有一些可参考的人种志，这些人种志并不总是常规的：例如，詹姆斯·艾奇逊（James Acheson 1987）撰写了一本关于“龙虾帮”的人种志，他们保护缅因州的公共资源，确保在“他们”的领地有更多数量的龙虾并让它们得到更有效的保护。

环境人类学家对更宽泛的保护问题也颇感兴趣。关于人与动物关系和“动物的仪式”（以及动物权利）的研究，是一个快速成长的研究领域。传统上，这涉及研究不同文化群体对动物的分类方法，以及对待动物的各种方式（例如，作为图腾生物或作为精神生物），或研究社会如何在生产体系中利用动物，是将它们作为猎物进行猎杀，或是不同程度地驯化它们。

例如格雷戈里·福思（Gregory Forth 2003）在印度尼西亚的研究探讨了纳枝人（Nage）如何将鸟类纳入宗教观念、写入神话和诗歌——他们还认为鸟类具有预言能力。保罗·西利托（Paul Sillitoe 2003）对新几内亚高地人

开展人种学研究，探索他们对动物，特别是猪的分类和对待方式。了解特定社会如何与动物相处，在很多方面都大有裨益。这种了解有助于深刻理解他们的宇宙信仰和对世界的认识；他们与“自然”的互动；他们在社交方面的组织方式；以及他们对身分和人格的看法。这种了解还有助于我们理解为什么人们认为某些物种值得或不值得保护。

人类学家经常与将生活方式和某些动物联系在一起的群体打交道。例如，吉迪恩·克雷塞尔（Gideon Kressel 2003）研究中东和以色列的牧羊活动，探讨了当地人如何努力保持自认为是文化遗产的传统形式的畜牧业，同时又照顾到该地区的政治现实。这种生活方式对于保护文化多样性是不可或缺的，许多人类学家认为，记录和宣传他们的人种志记录非常重要，希望能够扩大政治现实，从而接纳并重视这些群体及其文化传统。

詹姆斯·瑟培尔（James Serpell 1996）的研究角度非常特别，他调查研究了哪些社区创造了“宠物”这一概念，并将动物纳入其家庭生活。这项研究显示了文化群体如何将动物视为半人类或家庭成员，以及他们的世界观如何创造性地将动物按特征（猫科或狐属动物）或行为（粗野的、似公牛的、迟钝的或胆怯的）分类。这些理解有助于解释人们如何与环境中特定范围的物种互动，同时揭示了他们组织社会关系和评估行为的方式。

即使在城市化的工业社会中，人类学家马特·卡特米尔（Matt Cartmill 1993），以及后来的嘉瑞·马文（Garry Marvin 2006）对狩猎的社会和文化意义也做过探讨。他们与英国猎狐团体的研究引发了这项活动是否应该被禁止的激烈争论。马文没有在冲突中站队，而是试图阐明狩猎中更深层次的意义和想法：

> 我想做的事有所不同：我想了解猎狐行为的本质是什么，我试图了解造成猎狐行为的社会和文化过程。作为一名人类学家，我对人与动物的关系特别感兴趣。在我看来，狩猎的核心是这种关系的一些复杂配置……我经常听到那些参与猎狐的人对外界的抨击进行辩解，然而这种辩护似乎与他们谈论狩猎的方式、狩猎经历以及猎狐的意义完全不相吻合。（Marvin 2006: 193，194）

马尔文受邀担任内政大臣办公室的人类学顾问，查阅有关“猎狗”的资料，对“典型的”狩猎日的描述作中立性的解释，并对其文化意义进行评论。该调查书面问询了一些狩猎支持者和反对者。随后他受雇于乡村联盟，撰写一份关于在农村地区禁止猎狐的潜在社会和文化影响的报告，从而协助应对关于禁止猎狐的法律质疑。因此，参与辩论的几方利用了他的人种志研究，以及人种志研究所提供的更深刻的理解。

随着物种灭绝达到前所未有的程度，对人与动物关系的研究越来越关注导致动植物栖息地丧失或退化、对濒危物种造成压力的社会和经济行为。环保主义者和当地群体之间经常发生冲突，因为当地人对动物或其他物种的看法可能不那么具有保护性。迪米特里·西奥多索普罗斯（Dimtri Teodossoponlos）在希腊岛屿上调查了“海龟问题”（2002）。艾德里安·皮斯（Adrian Peace 2001，2002）做了包括“观鲸的人种志”在内的研究，对澳大利亚的野狗、鲸鱼和鲨鱼进行了多样化的文化透视。这两位对上述冲突都做了研究和分析。

人类学与环境保护主义

对野生动植物的担忧是保护组织的主要驱动力之一，“绿色”运动已被证明是过去50年来最具影响力的社会运动之一。因此，该运动是一个重要的研究领域。史蒂文·耶利（Stephen Yearley 2005）对社会运动的分析提供了广泛的视角，而凯·米尔顿（Kay Milton 1993）、埃娃·伯格伦德和大卫·安德森（David Anderson 2003）等杰出的环境人类学家则更多地撰写了有关保护组织、抗议团体和环保活动家的文章，对他们的内部文化动态及其对公共话语的贡献提出了真知灼见。

改变世界

凯·米尔顿（Kay Milton，贝尔法斯特女王大学社会人类学教授）

我是如何进入人类学领域的？好吧，二十世纪六十年代我去了一所非常传统的英语文法学校，那里的校长势利且沉迷于排名表，只关心有多少学生可以考入大学。有次我表示希望以后可以成为一名制图师（我一直很喜欢地图），这在当时是不需要接受大学教育就可以实现的目标（尽管现在可能需要），他给我的表情分明就是“别再傻了”，并告诉我要想想以后在剑桥学些什么，如果不是去剑桥学习，至少也应该是杜伦大学（他的母校）。我很确定的一件事是我不想学我在学校已经学过的任何科目——我想要改变。人类学是一门崭新的学科，这意味着我可以申请杜伦大学，这既能让我的校长满意，又能避免参加剑桥的入学考试。

还有另外两个重要影响。我的父亲收集非洲雕塑，所以从很小的时候起，我就被这些异域的奇怪木雕所包围。我经常想到这些人物雕像和雕刻他们的人，并想知道他们过着什么样的生活。同时我对动物也很着迷。我读了杰拉德·杜瑞尔（Gerald Durrell）关于他的收集动物的探险类书籍，观看了我能找到的每一部野生动物纪录片，并决定亲自去非洲，在自然栖息地观察狮子和大象。在学校，我曾经喜欢过生物学，但是我不想学习生物学的高级课程，因为它意味着必须杀死和解剖那些可怜无辜的老鼠，所以我也不怎么希望从事生物学相关职业。我想，人类学会把我带到非洲。我会研究人，一类在任何情况下都是最复杂和最有趣的动物，你不必为了研究而杀死或虐待它们——实际上这样的杀戮和虐待是非常不受鼓励的。

在那个阶段，我还没有成为一名专业人类学家的雄心壮志。即使完成了学位，我也不知道自己想做什么。所以我成了一名研究生，两年后，得知贝尔法斯特女王大学招聘社会人类学讲师，我申请并获得了这份工作，可能是因为没人跟我竞争这个职位吧。如果你对爱尔兰的历史有所了解，你会发现在20世纪70年代早期没有人想去贝尔法斯特生活。所以，我是偶然成为一个人类学家的，我拿着薪水，教授着你可以想象到的最有趣的学科，真是神奇。而且，是的，它确实让我到了非洲，只不过是几年之后的事。我在非洲的村寨里度过了难忘的十五个月，我想方设法观察了大量的大象、狮子，以及其他许多奇特的动物。

那段经历在我稍后的职业生涯中将我推向了环境人类学。我对我的同类，特别是我的社会对我们这个美丽的星球以及与我们共同生活在地球上的非人类的所作所为感到十分羞愧和愤怒——我现在的感觉依然如此。所以我做了许多初出茅庐的环保主义者所做的事情：我加入了当地的野生动物保护组织，参加他们的志愿者活动，参加各种会议，全面地参与其中。

20世纪80年代中期，我们面临着从事研究并撰写书籍和文章的压力。由于我的环保志愿者活动占用了我大部分业余时间，我开始研究和撰写与这些活动相关的东西。就这样，我逐渐关注环境保护主义，在接下来的二十多年中大部分时间都在努力去了解环保主义者是什么、他们为什么关心自然世界、他们如何看待自然，以及如何试图影响他人的生活、是什么驱动他们投身这一事业。

但是，你可能会问，这不是一件奇怪的事吗？人类学家不应该是跳出自己的圈子去研究其他文化吗？在研究与我投身相同事业的人时，我是如何保持“客观”的？第一个问题很容易回答：正如读着这本书你会认识到的，人类学家可以研究任何文化环境中人们所做的一切，而且许多人类学家会分析他们自己成长的社会，并将其与其他文化相互比较。

关于客观性的第二个问题更难一些，但也有一个明确的答案。人类学家和其他任何人并无两样，都是人，都有自己投身的事业，有自己的观点和政治倾向。客观并不意味着放弃这些，只是意味着将它们暂且放到一边，退一步来审视它们，以便更好地理解它们。人类学给人们提供了这方面的训练。当我研究环境保护主义者，并质疑他们的论点和行动所依据的价值观和假设时，我知道我也在反思自己的价值观和假设。同样，许多人类学家被吸引到这一研究领域，正是因为他们对特定事业的个人投入，比如女权主义、发展、社会正义、世界和平。他们的初衷是理解某一项事业并使其更有成效。

作为人类学家，同时又是一名活跃的环保主义者，我的很多现场考察工作实际上是在委员会会议上做的。这可能听起来很乏味，但实际上一点也不，因为这些会议讨论的是我最感兴趣的话题——人们如何管理自然世界，如何与之互动。有一个时期，我参加了十五个不同的委员会，参与了从当地公园管理到欧洲最大的保护组织设立的全国委员会的所有事务。我还是政府咨询委员会委员，对爱尔兰海的石油勘探、风电场、新住房开发、环境立法的变化、一切影响北爱尔兰的景观和野生动物的建议发表评论。在我做这些工作的时候，我运用了我的人类学知识以及我为研究收集到的材料。当我在委员会的工作结束时，有人告诉我，很难有人取代我，因为我理解自然保护与人、与文化、与生物相关的方面。

我没有从任何这些工作中直接获得报酬：我仍然是一名专业学者，这些研究只是我工作的一部分。然而，我明显感到，如果我想要离开学术界，进入一个非政府组织，甚至进入公务员系统的环境部门，并非难事。我很清楚，人类学家的技能不仅有用，而且还得到认可和重视，这种情况并非总能发生。因此，我会建议任何想要改变世界的人去探索人类学。我们越了解自己，我们就越有可能作出改变，从而创造更美好的未来。

环保关注的不仅仅是野生动植物和栖息地：许多团体同样关注以各种形式保护文化遗产，尽管如芭芭拉·本德在关于巨石阵的研究著作（Barbara Bender 1998）里所写的那样，他们对于如何完成这项工作的想法迥然不同。她与各团体展开合作研究，与包括英国遗产组织、德鲁伊教团员、新时代团体等在内的团体，在巨石阵的问题上争论不休。他们的研究揭示了每一方如何猜想、评估和描绘该遗址，该研究还有助于解释遗址管理和利用方面的极端冲突。

我为什么选择考古学

丹尼·迪博夫斯基（Danny Dybowski，威斯康星大学，野外考古学家）

大约十年前，我在美国海军服役时有机会去了希腊和意大利。在港口，停留的时间虽短却着实让人愉快，虽然当时没有足够的时间游览所有的考古遗址。但在那不勒斯，我决定继续跟团参观庞贝古城和维苏威火山：这对我来说是一次改变生活的经历。那时我并不知道我对人类学感兴趣。我甚至都不知道人类学与考古学有关，自从考古学被像《夺宝奇兵》这样的电影所美化，我一直对考古学颇感兴趣。退伍后，我不知道自己在大学里要学什么课程。在我人生的那一时段，我没有意识到我与其他船员们有所不同，因为他们在港口停留时往往会去酒吧喝酒，而我倾向于去博物馆并体验当地文化。

我开始读越来越多的考古学书籍，对船上的文化产生了浓厚的兴趣。我喜欢了解不同的人，以及我们在如此狭窄的环境中相处得好或不好背后的心理原因。6000多人在一起生活和工作，共同创造了一个整体的社会，这让我十分着迷，而且引发了我对人类行为的终身兴趣。

参观庞贝城让我意识到，考古学不仅仅是电影的一部分，而且是一门可以在大学里学习的实实在在的学科。我报读了密歇根州底特律以北，我的家乡附近的一所社区大学，学的是人类学，而且我很快意识到考古学是人类学的一门子学科。在那之后，我知道我将成为一名考古学家：我继续在威斯康星大学密尔沃基分校攻读硕士学位，并在密尔沃基公共博物馆研究从法国西南部收集来的大型石器工具。

对我来说，人类学是在任何时间和任何地点对人的研究。如果你能在时间和地点之间想到其他有关人类行为的事情，你可能就在做人类学研究。这是一门让学生了解所有种族、所有时代和所有时期的人类的学科，它最终改进我们的观点和客观世界观，同时又让我们学会尊重他人。在今天这个看似缺乏秩序的时代，对人类学的理解提供了希望和乐观的看法：它使我们能够在尊重其他文化群体特定世界观的同时与他们开展对话。

虽然各群体在土地和资源、动物、栖息地及重要文化遗址方面的冲突是环境人类学的一个常见主题，但我不希望给人的印象是这个分支学科完全只是研究这样的冲突。许多研究方法的目的只是为了更深入地了解人类如何与环境互动。例如，芭芭拉·本德（Barbara Bender 1993）、克里斯·蒂利（Chris Tilley 1994）、杰夫·玛帕斯（Jeff Malpas 1999）和罗德尼·杰布莱特（Rodney Giblett 1996）分析阐述了人们建造文化景观并在其中找到意义的过程[①]。凯·米尔顿（Kay Milton）与环保团体共同的研究让她仔细思考了人类如何发展对地方或"自然"（Milton 2002，Milton and Svašek 2005）的情感依恋，从而促成了她对该领域的大量研究。还有特雷西·希瑟林顿（Tracey Heatheringten）的研究，他对撒丁岛公共领土的研究表明"……对土地的依恋被认为是文化认同、经济前景和社区持续性所固有的情感……人的身体会感受到的这种归属感，在家庭中亦能感受到。这种依恋是持续的'爱'、怀旧、激情、忧虑、悲伤和嫉妒"（Heatherington 2005: 152–153）。

人对环境的参与是精神、情感和身体的参与，"感官人类学"已被证明是一个丰富的研究领域，大卫·豪

① 也见Strang 1997。

斯（David Howes 2005）、斯蒂芬·费尔德和基思·巴索（Stephen Feld and Keith Basso 1996）等研究人员已表明，就连我们的感官体验都受到文化的影响。这些研究与艺术人类学之间存在着密切的知识联系（见第8章）。艺术人类学要思考的是审美经验，如感官，是如何受文化制约，从而创造和欣赏特定的艺术表现形式（Coote and Shelton 1992，Morphy and Perkins 2006）。

人与物质世界的认知互动和身体互动的方式是一个有趣的研究领域。阿尔佛雷德·盖尔（Alfred Gell 1998）写过关于人工制品和工具如何成为自我的“假肢延伸”的文章；珍妮特·卡斯顿和史蒂夫·休–琼斯（Janet Carsten and Stephen Hugh–Jones 1995）研究了房屋如何创造个人和家庭身分的延伸。在对水和文化景观的研究中，我也对这个主题产生了兴趣，于是研究了人们如何通过家庭住宅和花园（Strang 2004）以及农业和制造业等更广泛的生产活动来表达其创造力和身分（Strang 2009）。

这类研究还与建筑和城市规划等领域相关联。在这些领域中，了解人们如何与周围环境互动，对于构建成功的城市空间及帮助人们实现更具可持续性的生活方式至关重要。例如，大卫·卡萨格兰德（David Casagrande）及其他环境人类学家参与了亚利桑那州的一个跨学科项目，他们与生物学家和生态学家合作，将城市景观、人类行为和水资源保护结合在一起，进行实验研究，旨在改进水资源管理政策（Casagrande et al. 2007）。

马塞尔·卫兰格（Marcel Villenga）的著作也包含环境和建筑相关的主题，其著作探讨了建筑中的地方传统，并思考从中可以学到什么。他指出：

> ……世界各地人类的需求、愿望和能力的强弱决定了他们的建筑环境，从而使他们创造出与自己认同感密切相关的建筑……如果创造性地利用资源并且将本土方法与现代创新的技术结合，建筑就可以兼具文化互应和环境可持续性…… 人类学有可能为这些尝试做出很大贡献。（Villenga 2005: 7）

社区需要具有社会性和生态可持续性。格雷琴·赫尔曼（Gretchen Herrmann）的研究关注的是郊区发展和城市邻里车库销售活动的社区建设潜力。

> 为了吸引更多购买者，处理不需要的东西并赚取额外收入，社区的二手货买卖使居民们走出他们的住所并相互碰面，有时这甚至是他们的初次见

> 面。有些邻里间的二手货买卖的明确目的是为了让那些居住在正在形成社区的区域里的邻居们相互认识。这为对抗当今美国所谓的“社区衰落”提供了一种有效的方法……邻里间的二手货买卖将邻里这一概念扩大为社区，而且促进了内部团结。（Herrmann 2006: 181）

因此，环境人类学研究了人与环境关系的许多不同方面，将这些关系的社会和文化方面展现出来，并对文化和亚文化群体与我们生活的各种社会和物质环境相互作用的各种方式提出见解。

第五章　人类学与治理

人类学家是许多政府及非政府机构的“智囊”。从宏观的政治、经济问题，到具体政策的制定与实行，处处都隐藏着人类学家的智慧。

整体图

人类学家越来越多地向政府机构提供咨询，参与政策制定和规划，并协助决策过程。一些人在把握“整体图”的宏观层面上工作，如政府智库和高级行政机构。还有很多人在那些专门负责城市规划、环境管理、住房、健康和福利、教育与儿童保健的机构从事更专业化的工作，或处理诸如贫穷、无家可归和犯罪等紧迫的社会问题。其中一些领域在其他章节有更详细的讨论，这一章我们着重讨论人类学在治理与政策方面的应用。

为什么人类学家对政府和其代理机构有用？从本质上来讲，这种工作应用了人类学的核心技能：致力于深入地研究社会背景、理解在这种背景下人们的不同视角和关系。虽然研究往往是在地方或者社区层面进行的，但既可用于较小的范围，比如单一机构，也可用于更大的范围，思考区域性或国家层面的关注点。

在国家宏观层面上，米尔希·休尔斯（Mils Hills）是第一位受聘于英国国防部的社会人类学家，继而又成为首位供职于英国内阁办公室的人类学家。他说，在他的职业生涯中，他“一贯有意识且持续地应用社会人类学概念及理论”，并且为那些在人类学家的既定职业“轨迹”之外考虑职业发展的人发出了宣言，或者说是号召：

> 这是人类学实践中的一个真实案例……我的人类学培训非但没有阻碍我发挥潜力，反而为我提供了一个可以说是独特的跳板，让我进入了很少有人（包括我在内）能预料到的工作领域……在过去的六年里，我一直被要求对复杂的事件提供迅速的理解，其中许多是技术问题，也有许多是与政策越来越相关的问题。这种理解旨在为那些在专门领域的专家提供帮助，例如，他们可能会囿于自己的专业方法而变得焦头烂额，因而无法看到更广阔的战略前景。在其他情况下，由于缺少概念驱动的方

> 法……意味着管理者无法推进他们的工作，因为他们看不清自己需要追求的目标。人类学家所带来的新鲜血液和创新力——与他人协同工作——意味着这种障碍可以被克服。（Hills 2006: 131–132）

休尔斯指出了人类学对政策和决策的几个关键贡献：它利用“草根”级别的证据来为分析提供佐证；它的优势在于能够将事件与更广泛的背景联系起来进行思考；理解的能力和针对于同一事件的不同观点进行换位思考的能力；它致力于将这种理解进行跨文化交流。他还提出了一个重要的观点，即人类学理论是很容易被应用的，并且可以对事件的分析方式产生重要影响。他说，仅仅罗列事实或签署请愿书是不够的：

> 学术的真正力量……不应只是在页码上做记号；而应该通过发展和应用我们最擅长的技能，即生成概念，以便更好地理解，从而在一个问题上留下标记……鉴于所有的战争和冲突本质上都是关于意义的战争——身分的意义、自然资源所有权的意义、控制的意义、纯粹的意义、利润的意义、贪婪和不满的意义……当然，关注意义的理解和生成的

人类学家应该在其中发挥作用。（Hills 2006: 130-131）

杨宏刚（Honggang Yang）也同样热衷于发挥人类学的潜力去分析地区和国家层面上的社会动态。他最早是将人类学运用在解决佛罗里达州当地的公共土地争端上，之后扩展到更大的范围，帮助亚特兰大的卡特中心解决国际争端，他的工作甚至有时直接和前总统对接："被聘为争端解决项目的研究助理我非常激动。后来我才得知，正是由于我具备跨文化交际的相关知识，以及在调解解决争端方面的应用人类学学习背景才引起了他们的注意。（Yang 1998: 201）"

杨教授在总统中心的主要工作是为一些领域，比如调解、选举监督以及谈判召集，提供"跨文化翻译"。在工作中，他广泛运用民族志的记录来为发展提供必要的信息，为沟通和解决冲突提供可行的路径。

人类学家和其他社会科学家也越来越多地参与到政府智库中，宏观分析社会、政治和经济问题。如，萨弗龙·杰姆斯（Saffron James）为未来基金会（Future Foundation）工作，该基金会是一家总部位于伦敦的独立社会智库，专注于社会政策发展。

未来的人类学

萨弗龙·杰姆斯（Saffron James，未来基金会）

我以应用人类学家的身分供职于未来基金会。该基金会是位于伦敦的一家独立的社会智库，主要在两个领域进行一系列定性和定量的研究：家庭和家庭生活的变化，以及消费和消费者行为。我是机构里唯一的人类学家，我的职责是将人类学的理论、概念和方法融入到我们的工作中。机构对思考社会变化的新方法和民族志的应用尤为感兴趣。

我为英国政府部门做过很多项目，这些项目旨在探索可能在未来10到20年内影响公共决策的社会和文化变化，包括诸如社区犯罪、教育及其与就业的关系等问题，最近的一项研究是消费和情感问题。

我认为人类学在公共部门的思考模式上有巨大的应用潜力，尤其是在公共政策与社会生活交叉的领域。我一直惊讶于人们对于文化和社会因素是如何影响政府政策的成功与否是缺乏了解的。也为一些会支撑政策的假设而感到惊讶——如统一的社区观念和公民观念。

我目前正在进行一项关于老龄化的人种志研究——研究用于描述英国老龄化人群的用语（如“灰发选民”或

"银发冲浪者"）。这些描述语言通常带有贬义，但仍被很多机构和营销人员广泛采用，用来指年纪大的不同消费人群。本研究的目的是在未来基金会所做的现有研究（主要是定量研究）的基础上，研究英国老龄化人口结构的变化及其对日后公营、私营机构规划的影响。然而，健康、富有、"上了年纪"的真正含义是什么，我们对此缺乏深刻理解。我想探究这些用语对65岁以上的人意味着什么，看看他们是如何跨越那些流行的描述和刻板印象来构建自己的身分的。我们的目标是将这些研究工作纳入机构现有的研究中，为公共和私营部门提供参考。

未来基金会倾向于关注正在发生的事情（量化趋势和预测），而不是事情发生的原因和意义。它的许多工作也与消费者行为有关，倾向于采取理性的、经济的观点。我注重民族志可以提供的对这些行为的丰富而深刻的洞见，试图描述在文化和社会背景下来研究这些行为时，人类学整体方法的优势所在。同事们的反馈很喜人：他们对人类学如何为他们的核心领域研究提供不同的方法很感兴趣。

认识到"知识就是力量"，人类学家已经将分析的目光转向国家智库和国际组织如世界银行之间的合作关系，如：“知识经济”是如何伴随着全世界的改革和发展而产生的（Stone 2000）。

同样，通过观察民族国家结构的广泛变化和政府作用和责任的广泛变化，人类学家开始对治理本身感兴趣。克里斯·肖尔（Cris Shore）在关注政治精英（Shore and Nugent 2002）和腐败（Haller and Shore 2005）方面走在了前列，他在布鲁塞尔的欧洲议会进行了大量的实地调查，研究管理欧盟的“欧盟官员”的组织文化（Shore 2000，Shore and Wright 1997）。约翰·格莱德希尔（John Gledhill 2000）用批判的眼光来看待政治生活中获取权力的微妙方式。其他研究人员关注的是政府官僚机构本身，如迈克尔·赫茨菲尔德（Michael Herzfeld 1992）的经典研究：这些体制如何由于“社会冷漠的生成”将自己和人民的需要分离开来；罗伯特·杰克奥（Robert Jackall 1983）对官僚主义如何塑造管理者的道德选择的研究；以及乔赛亚·海曼（Josiah Heyman）对官僚机构权力的分析：“判断权力标志的关键步骤是民族志对组织机构内部常规工作的研究……我们不能也不应该逃避官僚主义现象，尽管他们似乎总是令人厌烦和不浪漫（Heyman 2004: 487）。”

理解别人的世界和自己的世界

克里斯·肖恩（Cris Shore，奥克兰大学社会人类学教授）

阶级可能是我成为人类学家并从事研究的主要原因。或者更确切地说，是对阶级差异的意识首先唤醒了我对文化"差异性"的敏感。英国是一个众所周知的"阶级社会"，然而很少有人意识到阶级差异在多大程度上反映了文化差异。我的父母属于曾被称为"中产阶级知识分子"的群体，他们都毕业于剑桥大学，都是成就斐然的专业人士（我母亲是一名医生，曾加入国家卫生服务体系，我父亲是二十世纪六七十年代的工党议员和政府部长）；两人都全身心地奉献于公益事业。我们家到处都堆满了书，而我最好的朋友，来自单亲工人阶级家庭，家里没有一本书。我的父母反对教育精英主义，把四个孩子都送到了当地的综合（州立）学校。学校里的2000名男孩都来自伦敦南部，即使以现在的标准来衡量，我的学校也很不上档次。大多数学生接受工人阶级就业岗位的相关培训，可能只有不到15%的人会参加大学入学考试。为了在打架斗殴、帮派斗争和校园霸凌中生存下来，就必须去适应，具备"街头智慧"，并遵循一套本校特有的规则。早在听说Basil Bernstein之前，我就发明了两种说话方式：在学校使用包括俚语和咒骂语的一套“限制性代码”，在家使用一套“精致的代码”，词汇量更广，更高级一些。

出身于政治世家，我理所当然对政治产生了兴趣，或者至少是对权力关系和政府问题感兴趣，而这些问题正是政治学的基石。我第一次考大学失败了，之后去了伯明翰学习政治和现代史。但由于厌倦了枯燥乏味的教学方式，所以辍学，花了一年的时间去做手工活。然而我发现，手工活甚至比最无聊的课堂还要无聊。当我重返大学——这次是牛津理工学院——的时候，我更有学习的动力。我选择人类学和地理作为我的专业，从此一路向前。我对一门研究地中海民族和文化的课程深深着迷，本科最后一年我在威尼斯泻湖上的一个小岛住了一个夏天，研究当地社区间的紧张关系，为我的毕业论文做准备。

在老师的鼓励下，我申请了研究共产主义与天主教关系的研究生课程，并被苏塞克斯大学的博士课程录取。波兰似乎是一个很好的研究对象，但那年在格但斯克列宁造船厂发生的一场叛乱导致俄罗斯在边境调动坦克并宣布戒严令，我只得改变计划。而意大利似乎是个不错的备选国家。我决定把研究的焦点放在共产主义在天主教国家中所起的作用，而不是共产主义国家中的天主教上。我在意大利中部城市佩鲁贾住了18个月，专心致志地研究了意大利政治和社会情况，完成了最早的民族志研究之一，内容是关于一个主要的西方政党。

1983年回到英国后，我迫切地想要完成博士学业，以便“继续生活”并找到一份“合适的工作”。一家英国大工会给我提供了一份工作，但我拒绝了。我返回意大利，在一所大学给政治科学专业的本科生教授英语。乔治·奥威尔（George Orwell）写道，要想了解一个国家，没有比在那里谋生更好的途径了。在意大利大学的工作，让我前所未有地见识到了意大利生活的另一个方面：腐败、裙带关系、封建等级制度和任人唯亲，既令人着迷，又令人震惊。

第二年，我在布鲁塞尔的欧洲议会进行了短期研究实习，这次实习激起了我对欧盟的终生兴趣。我可以选择留在布鲁塞尔做一名记者，或者申请成为一名欧盟官员。尽管薪水很高，但欧盟官员的工作对我一点吸引力都没有。我的伴侣在伦敦找到了一份工作，所以我和她一起回去，在牛津布鲁克斯大学得到了一份时间稳定的工作，教学工作使我对教书和写作充满了热情。当时很少有大学开设人类学课程，但我最终在伦敦的戈德史密斯学院得到了一个人类学教职。

在戈德史密斯学院工作的13年里，我出版了几本书，协助创办了一本新杂志《人类学实践》。我还获得了一大笔拨款，用于研究欧盟行政部门的组织文化，所以我以专业观察员的身分又回到了布鲁塞尔。虽然我和家人在2003年搬到了新西兰，但欧洲仍然是我的一个主要研究领域。作为奥克兰大学的学院主管，最初三年里我几乎没有时间写作，但是，我重新燃起了对官僚主义的兴趣。最近我开始研究关于大学改革的新课题。

孔子曾说："知之者不如好之者，好之者不如乐之者。"当然，他说的并不正确。我的奶奶不像孔子是个先知，她以前常这样说："世上没有一件值得做的事情是不需要历经磨难的。"对我来说，人类学一直——现在仍然——启发着我。它教我了解我们所生活的这个世界，也许更重要的是，它教我了解那些塑造社会的无形的结构。它教人们了解个体、思想、组织和事件是如何相互联系在一起的（包括微观和宏观）。对于那些对差异性感兴趣的人，或者想要了解自身存在条件的人，人类学是一项必需的技能。

局部图

在组织机构层面，丹尼斯·韦德曼（Dennis Wiedman）认为人类学家在协助组织进行战略规划方面可以发挥有益的作用，利用他们所学从整体上描绘局势的动态，并与所有参与者进行合作。他本人在佛罗里达国际大学做了一些机构层面的工作，利用战略规划“来指导一所快速发展变化的大学，实现其3万名学生的发展需要”（Ervin 2005: 109）。另一些人类学家，如玛丽莲·斯特拉斯恩（Marilyn Strathern 2000），以旁观者的视角审视大学在引进管理主义和“审计文化”后发生的变化。

人类学家的工作还涉及其他各个层面，如人类服务领域（Richard and Emener 2003）。在加拿大，联合劝募协会邀请亚历山大·欧文为整个萨斯卡通市做“需求评估”：

> 官员们希望这项研究能提供一些简单的公式，帮助他们作出艰难的财务决策，同时，他们也希望研究能提供关于社区环境的总体方案，可供其他政府机构和非政府机构使用。非政府慈善组织面临着日趋增大的压力。由于政府削减了其直接服务并转

> 而资助人民服务机构，人们对非营利部门越来越寄予期望。联合劝募协会在做规划的时候必须克服这些困难。（Ervin 2005: 109）

该研究项目确定了17个“人类服务”领域的各自需求，包括就业、住房、贫困、一系列健康问题、娱乐、药物滥用、老龄化和土著问题。该研究项目指出“约有占人口25%的人对联合劝募协会或类似机构提供的此类服务有潜在需求”（Ervin 2005: 88）。它还阐述了城市内部文化和亚文化的多样性，以及它们是如何与特定社会需求相交叠的。

> 该案例研究记录了人类学进行主流社区政策分析与规划的潜能…我们需要确认所牵涉的人群的观点和每个领域的重大问题。我们还得找出他们的共同点，并为每种需求确定优先级……人类学家尤其善于协调和适应正规需求评估，因为他们注重文化和社会意识。毕竟，几十年来，他们一直作为人类学家默默地做着这些评估。（Ervin 2005: 89–90）

对社会公正的关注是人类学的主要特征，这使得许多从业者选择与弱势群体合作。如弗兰克·慕格（Frank Munger 2002），他提升了民族志在揭示贫困以及全球化经济下经济生存策略的各个方面的价值。生存策略有其文化特异性，了解了这些以及它们的民族志背景可以为援助机构调整其活动以适应当地需要提供极大的帮助。

地方和国家政府处理问题的方式也得益于人种志。例如，吉姆·霍伯（Kim Hopper 1991）关于纽约无家可归者的现实生活和心理健康问题的研究，使负责安置房或向流落街头的人民提供援助的当局得以采取相应措施，不仅解决了现实问题，还细致地解决了涉及的心理健康问题。帕翠莎·马奎兹（Patricia Marquez 1999）关于加拉加斯无家可归的年轻人的研究也取得了类似的成果。用民族志的方法研究他们作为一个亚文化群体的生活经历，有助于理解他们特定的社会规则和道德世界。

贫穷和犯罪并不一定相伴而生，但社会地位低下，教育水平低下，往往和犯罪率是有关联的。深入了解人们的生活经历，以及他们所处的社会环境，可以为了解犯罪动机提供重要的洞见。例如，马克·特顿（Mark Totten）和凯瑟琳·凯莉（Katherine Kelly）对犯有谋杀罪或过失杀人罪的年轻罪犯进行了“生命历程分析”：

> 我们想要从参与者自己的角度来揭示他们的世界……研究通过让他们讲述自己的生活经历，探索了年轻人的行为意图、意义和动机。以我们的理论立场来看，参与违法行为和高风险活动是这些人生活经历带来的结果，而这反过来又增加了犯罪杀人的几率。（Totten and Kelly 2005: 77）

斯科特·肯尼（Scott Kenney）对凶杀案受害者家庭的研究也强调了生活背景的重要性。他发现考虑更广泛的问题至关重要，比如人们如何与刑事司法部门相处，以及他们生活的社区对犯罪的反应："我的项目研究谋杀……我最初是想研究凶杀案生还者在积极应对所经历的事件上体现出来的性别差异，但很快我发现，让这个群体困扰的远不止犯罪本身（Kenney 2005: 116）。"

杰姆斯·维吉尔（James Vigil）以美国的奇卡诺人（指墨西哥裔美国人或在美国的讲西班牙语的拉丁美洲人后裔）学童作为研究对象，他观察到，他们糟糕的学业成绩一直被解释为是由于种族或文化缺陷，这给孩子们造成了障碍：

> ……文化偏见行为的测试，政治上对双语教育

> 的反对，老师和行政管理人员对奇卡诺文化不熟悉（甚至是充满敌意）。同时……美国的城市化加上经济向高科技服务转型，使获得良好的教育比以往任何时候都更加重要。（Vigil 2002: 263）

他集中研究了这些不利条件，以及由此产生的边缘化现象，是如何促使街头帮派亚文化的发展和城市犯罪的增长。通过对帮派成员的“亚文化”进行深入的人种志研究，他提出了可以在教育层面解决问题的方法——通过特殊项目方案和家庭与学校之间更有效的联系。

洞悉所有这些因素，对社会服务机构和维护法律秩序的相关部门都很有帮助。在调查根本的犯罪原因的时候，人类学家因此鼓励政府相关部门越过简单的文化或种族成见，思考并解决引发社会功能失调的真正根源。

家庭研究

家是人类的一个基本需求，人类学家的技能可为住房和城市规划部门所用。人种志所涵盖的范围很广，包括了研究不同的社群如何思考、设计和使用家庭和公共空间，以及在此过程中多元文化理念和价值观发挥的作用。对许多人来说，建立一个家庭所需的经济条件也是一个关键问题，特别是在城市化社会中，而人类学在这个领域也进行了一些有价值的研究。例如，厄文·查博斯（Erve Chambers）参与了一个项目，评估美国住房和城市发展部门设计的一项方案。该方案旨在向低收入者提供财政援助，让他们在租房方面有更多的选择，引导建筑商（主要通过安全检测）提供质量更好的房屋设施。在波士顿，他研究评估了政府政策对家庭的影响，观察其如何影响他们的选择和生活成本（Ervin 2005: 106）。

随着人口流动性的增强和城市的扩张，社会紧张局势可能会加剧。在房地产市场的另一端，布莱特·威廉姆斯（Brett Williams 2006）研究了关于文化和阶级的冲突，当城市社区变得"中产化"，这些冲突就会出现。来自不同背景的人们聚集在一起，他们对于什么人是该"属于"社区的，什么是睦邻行为，以及如何使用公共空间都有截然不同的观点。即使是日常的小冲突，对文化差异的了解也有助于解决争端，而这些争端（如电视真人秀节目《邻居的战争》中的数据显示）是有可能迅速升级的。

获得住房的机会也可以由文化观念决定。例如，凯瑟琳·福布斯（Kathryn Forbes）的研究显示，墨西哥农民的刻板形象在加州的住房政策中为他们自己制造了障碍：

> 尽管弗雷斯诺农村地区迫切地需要经济适用房，但是当地的政策制定者要么没有提供援助，要么极力阻止增加经济适用房储备的努力……政府官员的政策决策一方面基于这样的一种土地使用观念：对政府未能为从事农业生产的墨西哥人提供服务进行辩解，以及对墨西哥农民和农民家庭认识的刻板印象……这种意识形态和这些刻板印象致使在这一地区工作了几十年的墨西哥农民群体中，有一部分变成了“隐形人”。（Forbes 2007: 196）

强制与说服

人类的另一个基本需求是健康和幸福。人类学家在医疗问题和卫生保健方面的广泛工作在第七章有详细的阐述，但是，人民的总体健康和福利也是任何政府面临的一个主要问题，许多人类学家被聘请于该领域协助政策发展和实施。医疗保健可能是高度政治化的问题，尤其是在资源获取不平衡的情况下。例如，高丽·海顿（Cori Hayden 2007）的研究工作是关于获取医疗资源的伦理和政治问题。她的研究焦点是墨西哥各方就下列问题的对立观点：进口药品价格飞涨的负面影响迫使政府以大众利益为由，允许制造和使用非专利的“类似”药物（仿制药）。

在实践中，制定政府政策的关键方式有两种：一是通过立法，借助法律法规；二是通过说服劝导——传播推销观念和信息，鼓励某些行为，并阻止另一些行为。

公共卫生的先决条件之一是健康的环境。除了直接研究环境问题（第四章），人类学家和负责保护公共卫生的监管机构进行了各种方式的合作，如：确保食物供应商保持良好卫生；确保工厂不向所在社区排放污染物；确保个人不影响邻居的健康。

因此，罗伯塔·哈曼（Roberta Hammond 1998）将她的人类学学习背景运用于了解工作中所涉及的人群和文化动态。当时她作为一名环境健康专家在佛罗里达州富兰克林县社区事务部门工作。通过开放式访谈和对象观察等研究方法，她能够“为手头的问题或情况导出一个尽可能完整的背景框架”：

在履行我作为一名公共卫生官员的职责时，

> 我将民族志田野工作的各种特性融入其中……通过参与社区生活，我提升了对居民关注的问题的敏感度，能更好地权衡对他们而言重要的问题和对国家而言重要的问题之间的关系。另一方面，在观察中，旁观者的客观超然让我可以在执行相关政策与法规和做出其他不受欢迎举动时动用权力，这对公共卫生官员来说是必要的。在任何情况下，良好的倾听技巧对更好的社区关系都很有帮助。
>
> 我知道，性别、社交和个性差异也会影响我的工作结果，这时，我的人类学知识会帮助我适应困难的现场情况，如监管一个与世隔绝的农村，其文化价值观与州政府的立法者甚至是我自己的文化价值观相去甚远……人类学家和人类学能为许多领域的工作提供技能和工具，即使这些领域看起来和人类学并无直接关联……我的经历突显了从事各种实践的人类学家们都已经知道的事实：人类学家不必把自己局限于传统学科及研究职位；他们的技能可以应用于各种领域环境。（Hammon 1998: 197，199）

有时政府的政策结合了监管和说服。例如，为了营造健康的自然环境，政府对垃圾处理和建筑规范执行情况进行监管，同时努力说服市民采取绿色行动，如废物利用和有效使用能源。人类学家如海尔·怀特（Hal Wilhite）和他的同事因此将注意力转向了对美国和日本家庭能源使用的调查（Wilhite 2001），研究能够鼓励环境保护行为的社会和文化因素。研究关注的是人们为什么做（或不做）某些事情，这样政府机构就能够判断什么时候该采用说服或激励的手段，什么时候法规和技术手段才是实现变革的唯一途径。

有了健康的环境只成功了一半。政府机构的另一个主要责任是，在提供直接卫生保健服务的同时，指导人们进行保健活动。人们对自身健康的态度和管理直接反映了他们的文化信仰和价值观，了解这些不仅有助于规划适当的保健服务，而且有助于鼓励人们积极保持或养成健康的习惯。其中潜在的研究领域有很多：营养、锻炼、工作与生活的平衡、性行为、酗酒和吸毒、心理健康等等。政府监管健康生活行为的能力是有限的：可以规定合法饮酒年龄和酒吧营业时间，或禁止毒品，但对健康的管理更多是通过教育和说服。

为此，政府需要“社会营销”手段——鼓励正面社会行为的方法——部分源于人类学“文化模式”的发展。社会营销活动往往与健康相关，关注于计划生育、避孕，或安全性行为。

> 文化人类学家为此做出了很大的贡献。例如，避孕药具的品牌名称及包装，对人们接受度的影响至关重要……在过去的15年里，许多商家的社会营销手段已被用来针对艾滋病毒和艾滋病的预防。（Gwynne 2003a: 241）

克里斯托弗·布朗（Christopher Brown2002）在佛罗里达州坦帕市一家非营利社会营销机构的工作，为人类学在社会营销中的应用提供了又一个例证。布朗被聘来协助一项公共健康项目——儿童早期干预，旨在为发育迟缓儿童的家庭提供社会帮助。工作人员发现，虽然该项目可以使此类儿童获益，但许多家庭却都没有利用它。布朗的任务就是找出人们不让他们的孩子加入该项目的原因，并制定出社会营销计划促使他们参与到项目中来。他发现了两个关键问题：一是人们对于儿童是否需要定期看儿科医生的看法（儿科医生是该项目的主要对接方），二是父母践行的保健理念的文化模式。

能够透过表象，找出问题根源的能力，在关乎健康和幸福的另一个领域同样至关重要：家庭暴力和虐待。同健康和幸福的其他方面一样，这需要对文化信仰和价值观有极敏锐的感知，对尊重个人和家庭隐私与保障人民基本权利之间的关系有细致的权衡。安纳亚·巴塔查尔吉（Anannya Bhattacharjee）在纽约的研究工作为此提供了很好的例证（Bhattacharjee 2006），该研究是关于南亚移民社区的家庭暴力问题。巴塔查尔吉观察到，美国的移民程序（合法的移民身分通常基于配偶）使妇女高度依赖她们的丈夫，因此很容易受到孤立和虐待。研究也指出，移民来的家庭佣工的签证往往是由雇主提供担保，他们也同样孤立无援，处境不利：

> 雇主可能会撤销担保，或以此来威胁她。她极其容易受到各种形式的虐待，经常夜以继日地工作，并可能被剥夺基本生活保障。她也会面临完全的孤立，因为雇主可以控制她的一举一动，就像丈夫控制备受折磨的妻子的一举一动一样（Bhattacharjee 2006: 343）

巴塔查尔吉的研究表明，尊重家庭“隐私”使应对这些问题变得困难，她使用了人类学的分析方式，重新思考了私人和公共空间的概念，并提出了处理家庭暴力及虐待问题的新方向。

文化洞见对社会履行另一个最基本责任也同样重要：关爱儿童，确保儿童健康发展。人类学家参与了许多与儿童相关的研究，如：帕特·卡普兰（Pat Caplan 2006）对收养制度带来的相关社会问题和文化问题进行了研究。跨国收养引发了许多复杂的问题，备受争议，大众对麦当娜和安吉丽娜·朱莉等“名人”收养孩子的争议就说明了这一点。因此这是一个尤其需要细致的社会分析和文化敏感的领域。养育孩子的总体过程是人类学家感兴趣的另一个主要领域。在儿童护理领域工作多年的乔纳森·格林（Jonathan Green）指出，

> ……我接触人类学……很大程度上是偶然的，我发现我的幼儿护理和儿童早期教育的工作与我的人类学学习和研究有很多交集……人类学对我的研究领域给予了很多有益的补充……其中一个关键的贡献就是，意识到了文化在定义人际互动和话语行为中的重要性……此外，应用人类学中关于跨文化谈判和团结协作应对变化的理念，可有助于提高日托的质量……早期教育中给孩子教什么，如何教，对孩子的未来和整个社会都有着重大的影响……这是一个需要人类学

定性和定量研究的领域，需要人类学帮助做出明智实践的领域。（Green 1998: 161－165）

教育

许多人把教育简单地等同于上学和学习知识技能。然而，教育的意义远不止于此：它也是民族和国家自我建设的一个重要组成部分，确保学校教育也要教会学生忠诚于国家——因此，美国学校进行相关的日常仪式如升旗，英国最近在课程体系中引入了“公民教育”。然而，全球化和商品化对教育产生了重大影响。如果将教育重新定义为一种商品（Cooper 2004）并在国际范围内进行销售，人类学家的作用就变得至关重要。

> 公共教育仍然是民族国家塑造公民最重要的手段。但是“国际教育”的出现提供了一种避免“公民制造机”式的教育方法。国际教育是一个明确基于全球化意识形态的教育体系，它也是超出了单个国家的课程范围的教育体系。基于对在匈牙利的华裔中学生的田野调查，这项研究探究了“国际教育”与民族国家的跨国移民之间的互动关系。该民

> 族国家的公共教育，只专注于本国国民，根本无意将非本国国民融入进来。（Nyiri 2006: 32）

在当代的多元文化教育领域，存在着许多亟待解答的新问题，也存在着对跨文化理解的巨大需求。还有关于教育更加基本的方面需要考虑。人类学长久以来一直致力于理解人类认知和发展的过程。人们如何学习？社会如何进行信息的代际传递？文化观念如何在群体之间进行传播和验证？不同种类的知识是如何（以及为什么）被认可或摒弃？

教育人类学是该学科中一个独特的子领域。它发端于战后西方国家，当时大批退伍军人（存在多样化的教育需求）涌入高等教育机构。在美国，另一个重要的里程碑是于20世纪60年代成立了人类学和教育委员会（CAE）。在当时的思想观念中，关于“贫困文化”可以通过教育来缓解这一点，人们倾向于认为这是针对白人中产阶级的教育。人类学和教育委员会对这一观点提出了质疑，并“提倡教育的公平性、多样性和改进那些影响教育的问题”（Kedia and VanWilligen 2005: 273）。

随着社会文化更加多元化，对不同文化视角的需求在稳步增长，教育服务也必须扩展其多样性。随着社会的变化，人类学家已将不断变化的社会和文化需求纳入他们的教育研究体系（Hargreaves et al. 2000）。正是因为这些变化，人类学家的跨文化理解技能在教育领域尤其有用。在其他知识领域，人类学家也是了解多元化需求和承认文化特殊性的关键力量。

在观察和分析的过程中，我思考了什么样的教育对沃格拉拉人（美国沃格拉拉族印第安人）来说是真正的教育……那些居留地学校，我看到他们宣扬美国文化的单一化、神话化和同质化。而苏族人（印第安人的一族，自称达科他族）完全有权要求他们的孩子融入自己独特的民族文化。（Wax in Kedia and Van Willigen2005: 269）

对不同国家学前教育的研究表明，人们对个人主义、群体主义、批判思维和天赋等的理解存在很大差异。罗丝玛丽·亨兹（Rosemary Henze）直接与教师和教育行政人员合作，协助他们实现学校教育的多样性（Henze and Davis 1999），南希·格林曼（Nancy Greenman）认为：

教育人类学家懂得，什么是对美好社会最有益

> 的，什么样的社会是“美好社会”，不同文化甚至是同一文化对此都有大相径庭的理解……任何生活在这个时代的人都应该意识到好的教育和有效的教育是迥然不同的两个概念。教育政策的选择反映的是当权者的设想和看法，并不一定会惠及所有人。（Greenman，Kedia and Van Willigen 2005: 271）

一些人类学家对特定的教育机构进行了研究。例如，该领域的早期研究人员之一，盖瑞·罗森菲尔德（Gerry Rosenfeld 1971），在内城区的学校进行了详细的民族志研究，其经典文本在定义教育系统中的种族问题方面具有开创性意义。

其他人类学家则着眼于更广泛的教育环境，德·加他诺（De Gaetano 2007）研究了父母参与教育过程的重要性，并确保其所使用的是一种文化相关的方法。为了维护所有儿童的利益，包括那些来自少数群体或弱势群体的儿童，仔细研究教育的社会和文化背景是很重要的：“大多数教育人类学家，其中不乏研究人员，他们相信，他们的专业知识使他们更有潜力成为儿童教育的坚定支持者，更有潜力改善关乎儿童未来成功的问题，不管是在微观或是宏观社会文化背景下（Kedia andVan Willigen 2005: 272）。”

康卡· 德加多–盖坦（Concha Delgado–Gaitan）认为她的工作就是提出主张和提供便利："作为参与者和观察者，我积极深入到所研究的社区，想成为一个'提供便利者'。通过这种方式，我能够为许多家庭提供支持，利用研究数据为相关机构提供信息，促进他们的发展，使他们在制定学校乃至整个社区的教育政策和规范教育实践的过程中真正做到为人民服务"（Delgado–Gaitan， in Kedia and van Willigen 2005: 272）。

在多元文化社会中，语言也是一个影响教育的问题，不论是在帮助新移民的子女掌握必需的语言以便参与教育进程方面，还是在维护本族语言方面。因此，研究荷兰移民家庭的罗蒂·爱德琳（Lotty Elderling）强调，移民政策需解决移民的语言习得问题，来改善他们的孩子在学校的学业表现和他们整体的社会流动性（Elderling，Kedia and Van Willigen 2005: 283）。

人类学家在"发展土著语言"方面也发挥着自己的作用（Reyhner et al. 2003）。许多土著社区居民，生活在比自己更强势的文化和经济环境中，努力维护着自己的文化传统，而保护本族语言是保护文化传统的核心部分。语言人类学家经常将研究重点放在了解和记录以前未研究过的语言上，目的是为了探索不同语言所表达的不同的世界观，并给当代土著社区的教育提供帮助。为了帮助这些语言融入教育体系，人类学家发挥了更广泛的作用。他们一直在密切参与这方面的工作，许多国家，如加拿大、美国、澳大利亚和新西兰，已经在他们的课程中加入了土著教育材料、土著语言和教育学。

在澳大利亚，各方都在努力将土著语言和文化纳入国家教育体系中。在我工作的澳大利亚南部土著社区，学校从当地每一个语言群体中邀请一些长者以顾问和教师的身分参与教学活动，主要负责传授传统知识，这些知识也被纳入学校的识字教材。在澳大利亚教育研究委员会工作时，诺拉·普蒂（Nola Purdie）指出，最近的一项全国教育计划也肯定了重视土著语言教育的必要性：

> 对土著社区居民来说，这种承认肯定是鼓舞人心的。他们的语言在澳大利亚的文化遗产、文化生活和教育生活中有着独特的地位。对土著求学者来说，这是加强身分认同和提高自尊的基础。对非土著求学者来说，这是发展文化理解与和解的重点。（Purdie 2008: 1）

在新西兰，学校和大学也试图将毛利语（Maori）

和帕斯菲卡语（Pasifika）的语言及教学法，还有欧洲的教育方法论纳入课程体系当中，北美也在进行类似的工作。特蕾莎·密卡地（Teresa McCarty）与亚利桑那大学美国印第安语言发展研究所的卢西尔·瓦塔奥米吉（Lucille Watahomigie）合作，进行了一系列研究项目，旨在扭转土著社区语言流失的局面。

> 如果新一代不“忘记”传统语言和它代表的集体记忆，那传统语言的学习环境必将重新配置和恢复，新的学习环境也会被创建……学校行政人员与社区成员之间，学校社区和教育语言人类学家之间的协作，一直处于核心地位……我们的目的不仅是为了说明语言“回归”的可能性，而且……还有可能把它推进到新的社会环境中去。（McCarty and Watahomigie 2002: 354）

人类学在鼓励这种更加多样化的研究方法方面发挥了重要作用。多纳·德希尔（Donna Deyhle）指出，在一个纳瓦霍（美国最大的印第安部落）学区，“变化已经发生，而且非常令人欢欣鼓舞，好像绕了一圈又回到了原点，从基于种族歧视的决定——不许学习纳瓦霍语言或文化——到将纳瓦霍语言和文化纳入学校课程中以促进学生的学业成功。人种志研究并没有被忽视，而是努力‘回归’到这一领域中”（Kedia and Van Willigen 2005: 290）。

因此，人类学家为维护文化多样性所做出的努力对课程发展相关的政策产生了影响，特别是促进了创造文化相关的方法的努力。还有一个相关的需求，就是帮助学生了解文化对学校的影响。例如，在芝加哥，菲尔德博物馆开设了一项文化关系学课程，使用人类学的概念来帮助教师、家长和儿童参与本地社区的多元文化活动：

> 菲尔德博物馆的文化理解和变化研究中心（CCUC）采用以解决问题为导向的人类学研究，来确认和加强芝加哥及其他地区社区的优势和有利条件。通过这种方式，CCUC帮助社区找到了应对关键问题如教育、住房、卫生保健、环境保护和领导力发展的新办法。通过研究、规划和材料收集，CCUC揭示了文化差异对社会生活改造和促进社会变革的巨大作用。（CCUC 2008）

人类学在教育方面的研究并不局限于学校教育，例如，在澳大利亚，他们就参与设计了特别教育方案，其针对的是公务员，尤其是警察，帮助他们在正式进入土著社区工作之前，了解土著居民关于正义和法律的概念。

除了帮助制定教育政策，人类学家还要对教育政策进行评估。

> 用于进行评估的传统的民族志概念和方法，使局内人的声音可以被听到，从而对政策决策产生影响。民族志的评估方法可以对某一情况、教学情境或事件进行更有意义、更公正的评价……这种做法唤起了许多评估者的想象力和情感。它的初衷是帮助人们学习如何评估自己的课程。它基于这样的一个前提：所牵涉的局内人的观点或视角是非常重要的。

因此，在服务人类的许多领域中，进行人类学知识的培训都是非常有用的。实际上，因为每一个领域都涉及人类以及他们复杂的思想和价值观，所以完全可以说，没有一个涉及人类服务的领域是用不到人类学培训的。因此，人类学为治理的许多（可能是所有）领域都可以做出贡献：新政策的设计，政策的执行，以及评价政策在满足人们需求方面的有效性。

第六章　人类学，商业和工业

生产与贸易并非只有商人才关心。跨国的贸易、营销与劳动力的流动，让人类学家们也开始关注起了“钱的问题”。

钱很重要

人类学家认为，工作不只是关于流程，而是关于人。

如果你忽视了这一点，你就失败了。

——安尼塔·沃德（Anita Ward，德克萨斯商业银行高级副总裁）

不论什么形式的经济活动，对人类社会都有极为重要的作用，因此，它一直是人类学的一个重要研究领域。如今，大部分社会非常依赖各种各样的商业和工业，且所有社会都不同程度地参与到了全球化市场经济中（Fisher and Downey 2006）。关于经济生活的人类学也因此有所改变。如今，研究者研究“人们如何谋生”的各个不同方面，他们从事着不同行业的工作：资源行业、一系列服务业和制造行业、设计和建筑行业、通讯和媒体行业以及市场调查公司与广告公司。

与其他领域一样，人类学家会思考人类群体的内部动态，以及影响这些动态的更广泛的外部问题。因此，当与这些行业合作时，人类学家会考虑它们的组织文化，也考虑这些生产活动所处的更大的社会和经济环境。对现在的商业和工业来说，最引人瞩目的外部现实是全球化过程及其巨大而不稳定的国际市场。如前几章所述，全球化对社会科学家来说十分有趣，许多人类学家直接关注它，研究它是如何影响不同社区、要求新的经济实践和传播一系列文化观念和价值观的。

> 全球化是一种经济模式和文化变革，它包含之前彼此分离和独立的不同社会的相互影响。这并不是一个新现象，因为整个殖民时期正是一种不平等的跨国经济和文化交流。在殖民时期之后的世界，由于资本主义的出现，全球化进程得以成为可能。跨国公司已经成为在世界市场上运行的世界力量。在地方层面，跨越国界的投资、利润和消费品的流动为一些奢侈品的生产商提供了现金。然而，长期

来看，有证据表明，由于全球化，处于外围的人们生活变得不那么富裕，而财富变得越来越集中于一小部分精英人群之手。（Bestor 2003: 367）

希欧多尔·贝斯托（Theodore Bestor）研究了渔业中的全球化，调查了寿司如何成为国际性食物，和更大的市场的出现如何影响了捕捞蓝鳍金枪鱼的渔民。蓝鳍金枪鱼如今被拍卖并运往世界各地。他强调了这一过程的动态性，及其创造新的跨国的、不同文化间的关系和将之前独特的文化品味国际化的能力：

乍眼看上去，蓝鳍金枪鱼似乎不可能作为研究全球化的案例。然而随着世界的重新配置——围绕硅片、星巴克咖啡和金枪鱼寿司——资本和商品的

> 全球流动新渠道将彼此远离的人们和社区以一种出乎意料的新关系连接起来。金枪鱼贸易是地区产业全球化的一个很好的例子，它具有激烈的国际竞争和令人苦恼的环境规制；传承了几世纪的古老技艺和新科技的结合；为应对国际管制的劳动力和资本的重新组合；正在转变的市场以及世界范围内喜爱寿司和蓝鳍金枪鱼的烹饪文化的传播。（Bestor 2003: 368）

卡伦·卡普兰（Caren Kaplan）是一名早期的全球化分析师。她研究了“合乎道德”的公司，如班杰瑞（Ben and Jerry's）等，传播“无边界”世界概念的方式。在“无边界”的世界中，欧洲贸易商通过跨国公司直接与生产商而不是“中间商”来进行交易。“没有中间商的自由贸易意味着解放（Kaplan 1995: 430）”，卡普兰对其广告表现跨国公司的方式的批判是很重要的，她强调了全球化中运用的语言和它所承载的与全球化和资本主义相关的价值观。她探究了这些论述是如何描述“世界”的：在这些论述中，世界是一个存在西方和所谓“本土的”“真实的”或者“部落的”社区之间的文化和资本流动的地方。

她认为，这可以被看作“企业家资本主义和中产阶级女权主义冒险游历主题的名人婚姻”：

> 首先，这个广告只适用于位于大都市的消费地点。在大都市中，关于辛古保护区和卡亚波印第安人的信息对人们来说才是新奇的。它假设大都市中的顾客进入一家商店，买了一件普通物品如护发素，却同时获得了一些“不同”的东西。其次，这个广告暗示，消费不仅能够带来拥有物品的满足感，还能获得罗迪克（Roddick）的企业哲学中的道德实践，即她所宣称的“贸易而非援助”的一系列实践。“贸易而非援助”在20世纪90年代发布了带有一点20世纪80年代风格撒切尔–里根式的禁令，展示了一种精明的新保守主义的信息，只不过都包装在环境敏感的包裹中。最后，罗迪克通过原始主义使生产环境神秘化。卡亚波，一个因抵制国家和企业用复杂的媒体支配他们，而在人类学家和环境学家圈里知名的部落，被简单描述成了传递“基本智慧”的简单的“讲故事的人”。（Kaplan 1995: 435–436）

正如卡普兰指出的，这种论述为发达和发展中、第一世界和第三世界人民给出了一个简单的、两极分化的观点，展示了这样一种愿景：

> 从资本发展的相关资源来看，那些需要被管理的利他主义的土著正在消失……班杰瑞等公司的仁慈的资本主义……特别让我不寒而栗的是，班杰瑞等公司代表了一个代替单一民族国家的企业。看起来似乎是班杰瑞等公司为发展项目提供了资金并管理它们，正如在全球范围内，看起来是班杰瑞等公司解决了医疗保健问题、融资问题和环境问题……这些广告中的文字和图像被美化、并试图合法化不平等的跨国经济关系……“没有边界的世界”神话没有消除我们之间的物质生活差异，甚至还加剧了导致我们的生活经历阶层化的权力不对称。（Kaplan 1995: 437–439）

尽管卡普兰用“合乎道德的”企业作为例子，但她的主要目的并不是在某一个具体的公司：她的目标是展示其所代表的企业是如何创造出想象中的社区，并“遮盖”商业、商务中真实的经济运作和全球资本主义所创造并维持的不平等的。有一个潜在的问题——对人类社会来说是至关重要的——由于民选政府的功能和服务正被只对股东负责的跨国公司接管，民主进程正在削弱[①]。

从根本上说，国际商务与资源的利用和分配有关。这在基于资源的产业最为明显，例如矿业、石油开发和——如上文所提到的——材料产业如木材业，以及食品生产业。因为全球经济正进一步扩展到以前的偏远地区，许多研究土著群体和农民社会的人类学家正在研究这些群体和社会中的人们，他们如何应对狂热的开发商的入侵和对不断扩大的全球市场的参与。

这种扩张有很重要的社会和环境意义，斯图尔特·基尔希（Stuart Kirsch 2001）对巴布亚新几内亚的一些社区的研究中阐述的内容可以作为例子。矿业是巴布亚新几内亚经济的主要组成部分。基尔希的研究（我在第一章中提到的）指出了在奥克泰迪河（Ok Tedi）上游采矿造成的巨大生态损害及其为这一区域的社群带来的经济及社会效应。基尔希观察到跨国公司在这一等式（等式的两端是生态损害和经济及社会效应）中的主导地位，并指出当地社区在对自身的社会和经济福祉极其重要的地区中，没有权力也没有能力来保护环境。

① 某种程度上来说，这个问题与第二章中讨论过的非民选的非政府组织代替先前政府负责的服务和活动的方式是类似的。

对弗莱河的实地研究

斯图尔特·基尔希（Stuart Kirsch，密歇根大学顾问和访问副教授）

当我第一次去研究巴布亚新几内亚的扬格人（Yonggom）时，我搭乘了莫团船长号（Motuan Chief）。这是一艘从莫尔斯比港（Port Moresby）驶往弗莱河上的基温加（Kiunga）的运输供给品的船。我们沿着每年一度的希里（hiri）探险的路线穿过了巴布亚湾。在这条路线上，村民们乘着巨大的独木船，用陶罐和贝壳来交换西米面粉和独木船船体。经过一天一夜的航行以后，莫团船长号到达了弗莱河的河口。基瓦伊人（Kiwai）乘独木舟接近这艘船，提出用香蕉和新鲜的鱼进行交易。在我们顺河而上的旅程中，船只不再向规模很小的、孤立的村庄提供补给品。河边是茂密的雨林，随后进入了一片开阔地带，是戈戈达拉人（Gogodala）居住的泻湖和岛屿。他们巨大的长屋、独木舟比赛和有名的木雕，与影响了他们许多传统习俗的福音派基督教相结合。在我们旅程的中段，我们进入了伯兹人（Boazi）称之为家乡的草原。随后我了解到，他们过去常常在打猎活动中捕食扬格人。在距我们的目的地更近的地方，雨林又包围了河流。一群群的犀鸟在头顶飞过，凤头鹦鹉沙哑的叫声打破了下午的宁静。最终，五天之后，我们到达了基温加镇 。

我又花了一天的时间乘机动独木舟到达了奥克泰迪河上的一个村庄。我在这个村庄住了两年。我的研究目的是了解扬格人的神话、巫术和仪式。在我到达后的第一周，一群人带我进入了雨林，告诉我与他们的男性启蒙仪式有关的秘密神话。从那时起，我就被迷住了：尽管低地热带雨林又热又潮湿，还有疟疾，但这显然就是我的理想之地！最终，我的新朋友要求我对他们的慷慨接纳作出回报。

基温加的上游是奥克泰迪铜矿和金矿，它们是在20世纪80年代中期开始产出的。建造一座大坝来保护这条河免受污染的计划从未完全实施。这些矿场每天向河里倾倒8万吨的尾料，即提取出矿石后的颗粒。到目前为止，这条河流的水系已经被倒入了10亿吨尾料和其他矿井废料，这影响了超过1，500平方公里的热带雨林，破坏了鱼类、鸟类和其他曾生活在这里的动物的栖息地。矿井废料——和它们的影响——会在接下来的两个世纪里慢慢地移动到下游巴布亚湾周围。伯兹人居住的草原在一年中的8个月会被洪水淹没；戈戈达拉人的咸水湖会被矿井的残渣填满；基瓦伊的红树林会大量减少。酸性的矿井排放物释放的有毒重金属会进入食物链，这个新问题是否能够控制住还未可知。

在扬格住了两年以后，我开始了回家的旅程。在布干维尔岛曾爆发过一次叛乱，导致了巴布亚新几内亚最大的铜矿被关闭。布干维尔岛对矿井带来的环境的影响和政府在分配经济利益方面的失败感到不满，由此导致的内战持续了十多年。一天上午，在基温加登上去莫尔斯比港的船时，我一手抓着作为纪念品的弓和箭爬上船。当船员看到我手中的弓箭时，他们害怕地喊了出来，以为他们将遭到奥克泰迪矿的反对者们的攻击！

我以为我在巴布亚新几内亚的时间快要结束了，但是不久后，我发现，首都没有人意识到奥克泰迪矿的深远影响。在一所公立大学的演讲中，在一篇报纸的社论中，以及作为嘉宾参加一个国家电台节目时，我警告巴布亚新几内亚人，整个弗莱河的命运都处在危险中。

这些事件让我走上了激进人类学的道路。在经历了多年不成功的请愿和抗议后，住在下游矿井附近的人们起诉了必和必拓（Broken Hill Proprietary，BHP）公司的主要股东和管理团队。这起案件最终以5亿美元的赔偿金和承诺实施尾料防护措施为条件达成庭外和解。随后，当必和必拓公司继续向河里倾倒尾料时，当地人向法庭上诉，但并未能获得法定赔偿。然而，必和必拓公司认为奥克泰迪矿已经不再“和我们的环境价值观相符”，并将其在这个项目中的股份转移到了一个支持巴布亚新几内亚经济的信托基金中。基于目前黄金和铜的高价，这个基金最终可能价值10亿美元。

在他们的政治斗争中，我继续研究扬格人和他们的邻居。我为他们的律师提供了建议，撰写了关于矿井社会影响的文章，并和巴布亚新几内亚、澳大利亚和美国的环境非政府组织和人权组织合作。我在联合国陈述了这些问题，为世界银行对矿业的支持政策提出建议，并出版了一本有关在扬格的经历的书（Kirsch 2006）。最近，我试图说服我所在的大学，使其相信它邀请必和必拓公司为一项可持续发展的校园倡议提供建议是错误的。

当我第一次来到巴布亚新几内亚时，奥克泰迪河上的村庄看起来像一个典型的“偏远”的地方。从那时起，那里的矿井成为了世界上最臭名昭著的环境灾难之一。我从未预料到我会卷入本地人对抗对他们的环境和生活方式的威胁的斗争中。研究人类学是一场漫长且令人兴奋的旅途的起点，而这段旅程中发生的事情充满了惊喜！

许多展示了全球化经济更深远影响的研究表明，人类学不只是关于应用定性方法，它需要理论和一定的分析，这些分析能够让从业者看到“表面下的东西”，使社会行动更加透明。它也意味着一定水平的知识独立性，这种知识独立性由科学训练而来，由引导这门学科的道德准则支持。人们普遍认为，全球化会带来经济增长的益处，而市场是一种积极的变革力量，但在思考全球化的问题时，人类学家倾向于抛开这些假定。正如人类学在其他领域的应用中一样，研究者因此发现他们既“置身事外”，批判性地思考问题，又以一种更为内部的角色，试图采用一种恰当的结合道德准则的方式进行研究。

商业中的人类学家

商业和工业公司最终是社会共同体。它们拥有一个共同的目标，通常也经过相同的训练（例如，通过商学院或职业专业学校），并发展出了它们自己的内部文化。因此，对本书中讨论过的那种“组织研究”来说，它们是非常理想的研究对象：这些研究在理解制度文化、制度文化如何在企业内部起作用，和它们如何与更大规模的社会和经济网络交互方面是专业的（Corsin-Jiménez 2007）。

在跨文化社会和全球化经济中，商业和工业越来越多地包含了来自不同文化群体中的人们。它们必须要管理这些多元化。很多公司也有国际的关系网络，这能够为这个等式带来更深远——有时候甚至更多元的——文化视角。因此，人类学的“文化翻译”技能以及它提供对社会行为深入理解的能力，成为世界上人类学家所从事的工作的重要组成部分。

人类学家伊丽莎白·布赖奥迪（Eizabeth Briody）通过研究墨西哥裔美国农场工人和天主教修女群体获得了她的博士学位。在过去的11年间，她一直在研究一个不同的群体——通用汽车公司的男性和女性。作为通用汽车的“工业人类学家”，布赖奥迪探究了此公司中生活的错综复杂之处。这和她以往的工作并非完全不同。“人类学家能够帮助总结出一个组织的文化模式，”她说，“人们依据什么规则判断适当或不适当的行为？他们如何习得这些规则并传递给他人？”

布赖奥迪是企业人类学——一个正在发展并具有影响力的领域的研究先驱。在一些公司如通用汽车进行的研究，起初是作为实验开展的，但现已经成为更多研究的起点。近些年来，一些业内知名的

> 企业招募训练有素的人类学家，以更好地理解他们的员工和顾客，在设计能够更好反映新兴文化趋势的产品方面提供帮助。（Kane 1996: 60）

凯特·肯（Kate Kane）展示了一系列其他例子：苏·斯夸尔（Sue Squire）对安达信国际（Andersen Worldwide）进行的研究，指导了全世界的会计师采用不同方式来开展商务活动；帕特丽夏·萨克斯（Patricia Sachs）对纽约电信公司（Nynex）电信设计工程师的研究；托尼·萨尔瓦多（Tony Salvador）在英特尔作为一名“工程师民族学家”的工作（Kane 1996: 60）。肯表示，这种新的流行是由于人类学的全局研究方法适合处理复杂的现代商业活动。

因此，人类学为商业和工业带来了一种解析式的独特思考视角。正如施乐公司（Xerox）研发部门负责人约翰·希里·布朗（John Seely Brown）观察到的：人类学和人类学家“让你透过一副新的眼镜来观察行为”（Roberts 2006: 73）。发现这样做的好处后，施乐公司现在定期雇佣人类学家。他们并不是唯一一家这样做的企业：作为员工在公司中工作，或作为顾问协助公司的人类学家的数量正在快速增长（Morris and Bastin 2004）。正如詹妮弗·莱博斯（Jennifer Laabs）认为的："企业丛林中充满了文化异常。企业人类学家正在帮助解决其中的一些。"

> 如果你在商业竞争中想要一个更好的"陷阱"战术——或者更好的人力资源项目，人类学家可能并不是你请来的第一位商业专家……但是也许他们本应该是……许多公司已经发现人类学家的专业知识作为文化科学，在洞察人类行为中十分有帮助……人类学家研究商业的很多不同领域，但是本质上，他们都是这样或那样的人类观察者。商业人类学家许多年来一直在研究企业世界。（Laabs 1998: 61）

寻找其他的解决方式

拉尔夫·毕夏普（Ralph Bishop，芝加哥ISR定性研究全球经理）

我现在是一名国际人力资源和组织发展咨询公司进行定性研究的管理人员。这份工作包括结构性访谈和开放性调查问题的设计和分析及结果分析。我涉足这方面工作纯粹是偶然。我是作为一名自由编辑与该公司签约的，但我的上司辞职了，所以我有机会接管了这个部门！

人类学家做的最重要的事情是帮助人们看到解决问题的其他可替代方法，这大概是因为相比其他更受约束的方法，人类学将更多的信息看作有关信息。统计学告诉你“是什么”；定性研究告诉你“为什么”。而这两点你都需要。

莱博斯（Laabs1998）指出，超过200名人类学家受雇于美国的企业，为一系列问题提供业务建议：如何鼓励创造力；如何管理人力资源问题；如何解决冲突，促进合作。和在其他民族学情境中一样，商业中的人类学家试图理解表面下发生的事情。在组织中，这可能意味着将一些平常的事情如会议看作分析机会，从中分析实际上发生了什么和事实上人们是如何做出决策的。例如，海伦·施瓦茨曼（Helen Schwartzman）仔细观察了一家美国心理健康中心的会议，发现会议提供了一种理解组织内事件的可用情境：“会议是生活中基本和普遍的部分，然而由于它们在美国社会中如此普遍、普通、频繁、令人烦躁，人们没有认识到它们作为一种社会形式的重要性（Schwartzman 1987: 271）。”

企业世界中的人类学家也会考虑有关什么是工作、想要达成什么样的成就的问题中的文化差异。例如，洛娜·麦克杜格尔（Lorna McDougall）作为一名供职于伊利诺伊州亚瑟·安德森职业教育中心（Arthur Andersen's Center for Professional Education）的人类学家，研究了为什么有些人在听演讲时学得更好，而其他人在互动时学得更好，并考虑如何将跨文化学习融入培训。这有助于公司开发更好的培训项目。董事总经理皮特·佩谢（Pete Pesce）因此评论说"人类学家为组织带来了很大价值"（Laabs 1998: 61）。

商业和工业都在试图定义和代表一种特殊的身分。罗杰·麦科诺基（Roger McConochie）和他的同事安瑟尼·詹尼尼（Anthony Giannini）帮助组织"重新思考"他们的企业历史和神话："公司需要一个清晰的'自我观念'：一种经历时间的、持续的、组织自身的观念……从我在企业中的经历来说，生产车间的人们和会议室里的人们对生命中的意义有相同的需要"（Laabs 1998: 61-63）。

良好的管理依赖于对公司中发生的事情的清晰理解，而人类学家有助于将这些揭示出来。朱利安·奥尔（Julian Orr）对施乐公司的研究是一个经典例证。他研究了负责施乐机器维修的技术员群体，发现他们的培训永远无法跟上新技术引进的脚步。为了解决这个问题，他们开发出一套重要的“战争故事”亚文化，讲述了过去曾出现的机器故障和英勇的拯救事迹，这些故事有助于交流可能让他们摆脱困境的想法。奥尔展示了在施乐公司中这一方法是如何起作用的：

> 施乐公司会为每个技术员配备移动无线电话，以便他们在这一区域内彼此联系，或与由高级故障检修人员组成的流动的“老虎队”取得联系。一旦公司查明技术员是如何解决疑难机器故障问题的，他们就会通过这一途径来推广和改进这种基础方法……奥尔发现了在职业群体中讲故事的经济效益，展示了组织中文化的作用，令人难忘。（Kedia and Van Willigen 2005: 247）

在工作场所中，有许多这样的“亚文化群体”：由拥有共同的知识和专业能力、职业培训、某种特别的语言，当然，还有做同一种工作的人们组成的团队。“职业或专业团队的成员通常具有使他们在一个小规模的社会中相互联系的特征，例如一个他们特有的语义和实践组成的系统，一种能够将他们与其他工作团队区分开的语言”（Baba 2005: 230）。

有时候，特殊群体中的成员会在公司中形成他们自己的亚文化社区。玛丽埃塔·芭芭（Marietta Baba）列出了有关这一点的很多人类学研究：赫伯特·阿普勒鲍姆（Herbert Applebaum）关于施工队的研究；伊丽莎白·劳伦斯（Elizabeth Lawrence）对牛仔竞技表演参与者的民族学研究；其他对会计师、货车司机、码头装卸工人、医学院学生、夜店脱衣舞女、警察、专业舞者、社会服务人员、伐木工、矿工和服务生的研究（Baba 2005: 230）。南希·罗桑伯格（Nancy Rosenberger）对此评论：

> 人类学研究超出了官方的企业文化，而深入到组成工作文化的经历和认知……人类学家通过与组织内不同年龄、性别、教育程度、社会经济地位、种族背景或级别和工种的人们谈话、观察他们，阐明了工作中的亚文化——某个团队的员工独有的行为和价值观。

罗桑伯格本人的研究探索了日本和韩国年轻单身女性的亚文化，观察了她们不同的职业工作经历。她们中大部分人的职位级别相当低，承担的是为男性工作提供支持的任务。这个研究探究了她们如何承担这种角色，并强调了阻止她们进一步升职的“玻璃天花板”（Rosenberger 2002）。

人类学家也研究了在更大的文化背景下，“局部”的工作文化是如何形成的，如托马斯·劳伦（Thomas Rohlen）进行的一项经典研究。这项研究是关于日本上田银行（Uedagin，化名）中的日常生活，研究了年轻人为终生从事服务行业做准备而进行的培训。正如芭芭所说：“从这一优势中我们可以看到，日本的国家文化如何影响了日本银行业的亚文化（Baba 2005: 242）。”

跨国与跨文化交流

正如在本章开头提到的，商业和工业中除了存在内部的文化、有些情况下存在亚文化外，同时也与国内和国际层面的其他团体存在外部关系。这些关系需要谨慎管理，且最依赖有效交流。最基本的，这意味着能够讲相应的语言。以英语为母语的人口仅占世界人口的5%，然而，加里·费拉罗（Gary Ferraro）指出，许多西方人在进入国际商务领域时却根本不学习其他语言。一项研究表明，仅有31%的美国公司认为外语是必要的，其中只有

20%的公司要求他们在海外的员工学习当地的语言：

> 国际商务公司需要很多层次上的有效交流。一个公司必须和它的员工、顾客、供应商和当地政府官员交流。在来自同一文化背景的人中，有效交流已经足够困难。但是当一个人尝试和另一个不说英语，态度、想法、观念、认知和行事方式都与自己不同的人交流时，错误传达的可能性大大增加。（Ferraro 1998: 98）

费拉罗列出了几个有名的错误翻译的例子：

■ 在佛兰德语（Flemish）中，通用汽车的“仁者见仁”（body by Fisher）变成了“渔民看到尸体”（Corpse By Fisher）。

■ 在中文中，百事可乐的标语“百事使你精神焕发”（Come Alive With Pepsi）变成了“百事会让你的祖先从坟墓中活过来”（Pepsi will bring your ancestors back from the grave）。

■ 在巴西，一个美国航空公司承诺头等舱会有舒适的“会客室”（rendezvous lounges），他们没有意识到在葡萄牙语中，这暗示着做爱的房间。

■ 当一个美国炸鸡企业将自己的标语翻译成西班牙语时，“做一只鲜嫩的鸡需要一个一丝不苟的人”（It takes a tough man to make a tender chicken）变成了“真挚的鸡肉需要一个阳刚的男人”（It takes a virile man to make a chicken affectionate）。

这一名单还在继续扩充：在广告中，低焦油（low tar）的香烟成了有“沥青”（asphalt）的香烟；电脑装了“内衣”（underwear）而不是“软件”（software）；在一本工程使用手册中，液压油缸（hydraulic ram）被称为“湿绵羊”（wet sheep）（Ferraro 1998）。

在好笑的同时，这种错误翻译也肯定了费拉罗的观点，即语言是理解文化、信仰和价值观的入口，也是认真对待不同世界观的入口。

如果国际商务中的人们想要成功，精通合作方的语言和文化的作用是无可替代的。由于语言和文化之间的紧密联系，在学习其中一者的同时对另一者毫无了解也是不可能的。（Ferraro 1998: 98）

语言当然不只关于单词。它反映了基本的文化动态，展示了例如：文化群体如何对比个人和集体的重要性；他们如何看待（或者不重视）公开的争论；他们是正式的或非正式的，等级森严的或无等级的。说“不”有不同的方式；沉默也有不同的用途和意义。许多交流是非语言的，在一种文化中看起来友善、开放的行为在另一种文化中可能是攻击性的、不尊重的。

在我读博士的时候，当我准备开展对澳大利亚土著居民群体的实地研究时，我读到了约翰·凡·斯特姆（John Von Sturmer）的一篇短文，题目是“与土著人对话”（Talking With Aborigines 1981）。这篇文章概述了我在实际中可能会遇到的几个文化习俗：不要直接走近一个人或者他们的营地，而是要以椭圆形的路线接近他们；使用他们的亲属称谓而不是个人的名字；一个人死去后的一段时间内都不能提到他的名字。还有比较微妙的有关不同收养亲属需要区分不同关系的问题：一些是“开玩笑”的关系，一些则更加正式；一些需要严格的回避；一些涉及社会和经济责任。在土著人群体中，沉默的用途是复杂的，且根本不能用来表示同意。这样的准备和长期的实地研究，对理解当地人的信仰、价值观和理解世界的方式是十分必要的。

为了有效工作，所有的人类学家必须这样做，因此，他们能够帮助人们在同一条路上至少同行一段路。尽管“做生意”的人们对文化理解和参与的深度不需要达到开展民族学实地研究要求的程度，但对他们来说，能够了解与自己打交道的群体的一些普遍的文化规范也是有帮助的。因此，就帮助他们理解这一点而言，人类学家有很大用处。正如理查德·里弗斯·艾灵顿（Richard Reeves-Ellington 2003: 247）所说，“更有文化意识的商人也更成功”。他为一家在日本开展业务的美国公司设计并实施了一项跨文化培训课程。约50名员工参与了这个项目，长期效果令人印象深刻。“参加了这一文化培训课程的项目经理能够缩短近一半的项目完成时间，且他们负责的项目的财务收益提高了两倍”（Reeves-Ellington 2003）。

从本质上说，里弗斯·艾灵顿是在教商人运用人类学家开发的基础方法来描述和分析文化情境。他让他们思考在某一个文化空间中将事情分类的方式；辨别当地的行为准则；考虑驱动这些行为的价值观。他鼓励他们思考他们遇到的“文化逻辑”——人们如何与他们所在的环境建立关系？他们认为什么是真相和现实？他们对于人类本质的观点是什么？他们如何处理关系并定义活动的目的？他们如何使用自己的时间？他为受培训者提供了关于在与日本人的商务交流中隐含着的价值观和行为礼仪的大量信息，例如，解释交换名片这一过程中的正式礼仪和观念；开会时会议桌上的座次安排；会议礼仪的种类，和礼仪交换中相互对等的重要性。

文化翻译在不同的群体通过国际网络进行交流时同样有帮助。因此，艾米丽·马丁（Emily Martin 1996）的研究探究了科学家是如何创造出一个专业知识的“全球系统”，以及非科学家的人们是如何理解和回应这项工作的。在对免疫学研究实验室和门诊进行研究时，马丁特别探究了人们是如何弄懂医学影像的意思，使用它们来“想象”并应对相应的医疗问题的。公众对科学的理解对许多科学和技术行业具有重要意义，这决定了它们的产品将如何被接受和使用，因此这些民族学的见解在帮助设计和展示信息方面具有相当大的潜力。

人类学与传播媒体

公众对关于科学和技术的信息——大部分是概念和产品，都是通过一系列媒体包括报纸、电台、电视、广告牌等获得的。商业和工业则完全依赖这些媒体来向他们的目标用户传达信息，而在这个竞技场中，作为一种更直接的人际交流的形式，跨文化翻译和有分析能力的眼光是很有用的。

伊丽莎白·科尔森（Elizabeth Colson）和康拉德·科泰克（Conrad Kottak）指出，在一个全球化的世界中，考虑传播媒体在当地、区域、国内、国际层面创造多种联系的方式是至关重要的，它们帮助人们了解外部机构和其他的生活方式（Colson and Kottak 1996）。科泰克本人的研究是关于电视的引进如何改变了巴西当地人的生活的。他在四个社区中进行了一项纵贯研究，调查了随时间推移，人们对电视的参与度。科泰克的研究展示了几个阶段：在第一个时期，这项技术的新颖性意味着——比起它所传达的信息——这种媒体本身更受人们的关注。第二个阶段，人们高度接受这种媒体传达的信息。接下来，事情进入一个更加微妙和普遍的阶段，电视的影响开始在行为和文化选择的改变中体现出来。科泰克指出，电子传媒能够即时地传送国内和国外的信息和图像，因此成为了一种主要的社交代理，与家庭、学校、同龄人、社区和教堂进行竞争。它将人们的注意力从另一些事情上转移开，将电视导演视为知识的守门人，限定了公众了解信息的途径。“大众传媒在国内和国际文化中起到了越来越重要的作用。它们推动了全球文化消费，刺激了人们对现金经济

的参与。特别是对不识字的人来说，最重要的大众媒体就是电视。”（Kottak 1996: 135）

这项研究也表明，这不只是全球化和同质化的问题：本地文化的差异在导致人们看待和接受电视的差异中起到了主要作用：“正如纸媒，好几个世纪以来做过的……电子传媒也能够传播，甚至创造国民和民族认同。像纸媒一样，电视和电台可以在本国内传播不同国家的文化，从而提高国内文化认同。”（Kottak 1996: 135）

媒体在影响人们想象自己和他人身分的方式中的作用也是丹尼尔·莱夫科维茨（Daniel Lefkowitz 2001）关于以色列报业的研究重点。他指出，杜恩·凡·德克（Teun Van Djik）观察到，报道新闻的方式加深了种族主义和歧视，例如，有些媒体将少数民族群体与犯罪联系在一起，再次强调了在意识形态上占主导地位的身分表征。显然，这具有重要的社会和政治意义，而这又与第一章讨论的研究有联系。在第一章讨论的研究中，致力于倡导和冲突解决的人类学家，尽力通过提供文化群体及其世界观背后深层次的民族方面的原因，来反对刻板印象的表现。

人们认知和表现自己身分的方式对他们如何参与“市场”也有重要的影响。例如，影响了他们选择买什么，他们想吃什么，他们想阅读什么，他们想在电视上看到什么。许多人类学家对商业和工业领域开展研究。例如，西蒙·罗伯茨（Simon Roberts）的咨询公司专门研究人们对媒体的反应：

> （它是）一个叫做“想法市场（Ideas Bazaar）”的小研究公司，目前有4名全职员工，其中一位是自由研究者，其他是人类学的本科生或研究生。我们目前的工作主要集中在三个领域，一些是特意选择的，一些则是偶然开始的：纸媒和广播媒体，技术和交流，以及组织和变革。

这个咨询公司的研究包括很多领域：进行受众调研，并参与BBC的节目创意开发；调查手机的使用情况；

研究人们深夜电视观看情况和他们对当地和地区报纸的阅读情况。

> 此外，我和其他想法市场的员工还参与了位于伦敦的非营利性智库和咨询公司的研究项目“i社会”（iSociety）。这个工作基金会（The Work Foundation）的项目调查了在英国，信息和通信技术的影响……大部分i社会课题以民族学研究作为研究方法的第一选择……总体来说，我们帮助我们的客户从受众的视角理解他们运营的世界，然后我们帮他们根据这种理解展开工作。在我们看来，我们的工作是为他们提供对熟悉环境的新理解。（Roberts 2006: 76–77）

人类学的实验也有助于保证表达具有文化敏感性。几年前，皇家人类学学会回应了英国广告标准委员会审查广告的文化含义的请求，并为他们提供了建议。专家委员会由在世界上不同地区工作的人类学家组成，他们能够对不同文化群体可能如何理解广告含义提供多个视角。

正如作家肖恩·尼克森（Sean Nixon 2003）和利兹·麦克福尔（Liz McFall 2004）观察到的，广告当然与文化信仰和价值观紧密相关，它们希望能够以一种符合文化理想的方式来展示产品。因此，对人类学分析来说，广告内容和人们对此如何反应，即生产某种产品的公司的“广告文化”是一片研究沃土[①]。开展对广告的分析有许多方法：例如，哥本哈根商学院的布莱恩·莫兰（Brian Moeran）在他对日本广告公司的研究中提出了一种经典的看法，认为广告就是“讲故事”：

> 一个广告公司也许会被看作一个专门的讲故事的组织……对这个公司的参与式观察给我留下了一个深刻印象，即做广告主要是谈论的问题。有关于账户、对手公司和所有的人与机构（公司客户、出版社、电视网络、生产车间、名人等等）的谈论。也有关于这些广告活动本身的谈论——关于一个市场分析如何成功将奢饰品重新定位成了日用品，或者另一个有创意的想法使一种产品得以与某一难以捉摸的消费者群体“对话”，等等。（Moeran 2007: 160）

---

① 也见Malefyt and Moeran（2003）。

罗伯特·莫利亚斯（Robert Morais）对美国的广告公司进行了研究。他想“分解”客户-公司的关系，他遵循了海伦·施瓦茨曼（Helen Schwartzman 1987）的方法，研究广告公司的会议，尤其是那些：

> ……在制造商（客户）和广告公司之间，广告创意被展示、讨论和选择的会议。尽管参加会议的人都怀有就创意开发过程的下一步想法达成一致的共同目标，但他们还会有附加的、有时候是相互冲突的专业的和个人的目标。为了达成他们的目标，参会者们必须掌握一些不成文的规则，理解细微之处的语言或非语言行为，领会并保持微妙的客户-公司权力的平衡，展示协商的成果，给他们的上司留下深刻印象。美国的广告创意会议包含了最典型的客户-公司关系的态度、行为和象征。（Morais 2007: 150）

营销人类学

对制造商和消费者之间交流的研究自然拓展到了营销领域。市场调查经常被认为是一个单独的学科领域，但是它运用了很多社会科学的数据收集方法。近年来，这个学科开始运用深入的定性方法如民族学方法，也开始意识到应用人类学理论的分析方法对说明人类行为很有帮助（Mariampolski 2006）。帕特里夏·桑德拉和丽塔·邓尼（Patricia Sunderland and Rita Denny 2008）的研究表明，如今，在消费者研究领域有很多人类学的重要研究机遇。

人类学家自身对于涉足这一领域有一系列观点。对亚当·德拉津（Adam Drazin）来说，在更广阔的“研究行业”中，人类学的技能有相当大的效用，反之亦然：

> 在我获得第一个人类学学位和我读博士期间，我对市场调查和民意调查研究了好几年。在这期间，我很惊讶，对一名“市场调查者”来说，这个称呼中的“调查”处于中心地位，比“市场”要更加重要。许多我所知的市场调查者首先对调查产生兴趣，这一点与人类学家是相同的。对此当然也有持异议者，但是众所周知，最好的市场调查者是那些只渴望进入下一项研究并找出一些发现的人。（Drazin 2006: 91–92）

他发现，在他接受人类学家的训练和去罗马尼亚开展民族学研究时，作为一名市场调查者的经历对他帮助很大："数百个市场调查项目，一系列焦点小组和在埃塞克斯街上徒步，拿着写字板敲门这样的训练为我进行参与式观察和数据收集做好了准备（Drazin 2006: 91–92）。"

实施市场调查有时候确实会带来人类学家认为的伦理困境。例如，在市场调查中，人们普遍认为在焦点小组和调查中，人们很少如实报告他们的行为，只有观察他们的实际行为才能收集到更准确的信息。然而，指导人类学研究的道德准则严格禁止秘密调查，这使凯里·麦克拉伦（Carrie McLaren）表达了对"购物间谍"的担忧：在购物中心、快餐店等地方秘密观察消费者的市场调查者有时候会假装成也在购物的顾客，与真正的顾客发起一段对话，或录下他们的行为。有些市场调查者似乎将这种他们所谓的"无装饰的行为"（naked behvior）看作"民族学"或"人类学研究"。麦克拉伦（McLaren 2002: 421）高度批判这种对人类学的歪曲，也批判这种方法本身："因为焦点小组确然不是真实的世界，于是他们就努力将真实世界变成一个焦点小组。"

当然，毫无疑问，消费者行为是一个重要的活动领域。实际上，它定义了社会如何使用和管理资源。可以说，在公共场所，例如购物中心，监控录像和超市员工已经在记录和观察消费者的行为；征求每个人的许可，或者告诉他们正在进行一项研究也是不现实的。然而，一些技术已经超过了观察的界限，而到了欺骗的程度。所以，再次强调，有很多令人关注的道德问题值得考虑。

总体而言，市场调查是开放进行的，代表了一种对找出人们思考什么或者想要什么，从而生产和宣传商品的直接尝试。人类学可以使这样的数据收集更有深度，同时也提高了考虑多样的文化反应的能力。

随着人口结构的变化，媒体、公众、政治家和私营企业对不同种族群体的了解和关注日益增加。在市场调查的术语中，这些群体被称为“细分市场”（market segments），接触他们的工作也变得更加精细。这是更长期的从大众市场到目标市场的运行的一部分——首先是向年轻人和女性，现在是种族群体。

我已经具备了这方面的知识，也接受了社会文化人类学的训练，最近，我决定开办一个研究和咨询公司，我称之为“调查无极限”（Surveys Unlimited）……一个将人类学方法和分析应用到市场调查的“文化

> 研究和咨询公司”。当我和潜在客户会面时，我将民族学的实地研究作为我提供的服务的核心，并支持对目标的“细分市场”使用这种研究方法。（Waterston 1998: 106）

沃特森指出，为了真正了解人们想要什么，我们需要不带主观偏见地探究他们的观点，在“他们自己的地盘上”观察他们。正如她说的：“从下往上探究问题，能够使我们与消费者的概念体系一致（Waterston 1998）。”像麦克拉伦一样，她注意到了道德问题——在这种情况下，质疑以特定人群为目标（特别是收入较低的少数群体），诱导他们购买消费品。但是，正如她指出的，在这方面，还需要考虑一些错误的先入之见。

> 在我与少数群体成员的讨论中，很多人表达了对被营销人员忽视的不满。他们认为，对少数市场的关注相当于赋予这些少数群体的成员权力，或者为他们提供新的工作和就业机会……显然，这种种族营销的现象反映了种族认同形成的政治过程。毫无疑问，利用和赋权是一枚硬币的两面。人类学在市场调查中的优势也包括始终不忽视这些问题。

在处理市场营销中的政治和经济方面问题的同时，人类学家最近开始研究更微妙的领域，即人们对消费品是如何反应的。在第四章中，我们研究了“感官人类学”，理解了人们与他们的环境是如何互动的。这种研究也可以推广到商业世界中。例如，弗吉尼亚·波斯特莱尔（Virginia Postrel 2003）的研究观察了人们如何对物品和图像做出审美和感官上的反应。丹·希尔（Dan Hill）描述了体验产品和服务的兴起和它们的营销手段。他的研究关注了消费者对某一“品牌”的感官-情感反应，他认为，考虑人们的感官反应能够提供比通过调查或焦点小组所收集的更加真实的反应。

因此利用人类学提供的深入的“内部人”视角，在商业和工业的每个阶段都有帮助——在关于产品设计的交流过程中，在观察人们对这些工作的反应时，和在评定产品实际如何使用时。约翰·雪利（John Sherry 1995）的研究探究了后一个问题。他的工作从对纳瓦霍人（Navajo）的积极分子的研究开始，包括观察他们如何运用新技术和与外来人互动。他现在将这段经验运用在一个不同的情境中：

我是一名在生产微处理器的英特尔公司工作的

> 人类学家。很多人觉得这听起来有点奇怪——一个为微处理器制造商工作的人类学家——但这并没有你认为的那么奇怪……我觉得能从事这样一份工作很幸运。有时候人类学家最终从事的是他们做梦都没有想到的工作。但我不是这样——我一直希望一家科技公司能够对详细了解人们如何使用它们的产品感兴趣……在英特尔架构实验室，我和一个社会科学家小组合作……我们的共同目标是通过理解真实的人的需求来确定计算能力的新用途。我们称其为“设计民族学”。这是一份很棒的工作，好消息是，在这个领域中，应用型文化人类学家似乎有越来越大的市场了。（Sherry，Gwynne 2003a: 214–215）

在约翰·雪利对英特尔的贡献之后，公司组建了一个“人类和实践团队”：一个由人类学家和物理学家组成的4人特殊团队，目的是为了研究人们如何使用电脑，并生产出更好的产品：“过去，使一种产品在多种文化下都受欢迎可能是销售团队的任务。然而，如今，文化越来越早地在设计阶段就被纳入考虑，例如：使手机内嵌的指南针能够帮助穆斯林信众定位麦加的方向。”（Anthropology Today 2004: 29）

其他公司也纷纷效仿：

> 社会科学家，特别是人类学家，是珍稀品。2002年12月，IBM决定建立一个世界级的人类科学团队。结果之一就是史蒂夫·巴奈特（Steve Barnett）的任命。史蒂夫·巴奈特是一位经过训练，被广泛认为是“商业人类学先驱”的人类学家（Economist Magazine，11 March 2004）。2003年，IBM称“将要在员工队伍中加入语言学家、人类学家、民族学家和类似的非技术专家，以为客户提供新见解”。（San Francisco Chronicle，21 October 2003）

设计人类学

在研究团队里加入一位人类学家就像电视从黑白到彩色的进步。

——凯瑟琳·克里恩（Cathleen Crain，LTG集团）

人类学家越来越多地受雇协助产品设计方面的工作，这项工作有时能够导致新产品的诞生。因此，苏·斯夸尔斯（Sue Squires）对美国人的早餐行为开展了一项民族学研究（Squires and Byrne 2002）。这项民族学研究同样涉及观察实际行为，而不只是询问人们早餐吃了什么。很快，研究结果显示，尽管父母想为孩子提供“理想的”、社会上认为的“健康早餐”，但现实情况是他们缺乏时间来准备这样的早餐。斯夸尔斯分析认为，这个问题是女性感受到的成为好母亲的压力与她们承担的在外工作的经济压力这一更大冲突的一部分。协调这些压力的需求催生了一种叫做“路上酸奶”（Go-Gurt）的新产品：一种可以在路上吃的，以酸奶为主要成分的零食。这种新的早餐食品第一年的销售额就达到了3700万美元。

嵌入式创新

帕特里夏·萨克斯（Patricia Sachs，Social Solutions社会措施公司CEO，亚利桑那州）

在研究院的时候，我一直有一份工作，因为我需要抚养孩子。我发现我经常能将自己的研究和工作情境联系起来。在完成一个五年的发展和认知心理学的研究项目之后，对我来说，很明显，应用人类学有很多机会可以发挥作用。

总之，我建立了一家人类学咨询公司，并出任公司的CEO。我工作的领域是创新——我们通过将“消费者为中心的认知”和“工作为中心的知识”联系起来，将创新“内嵌”到公司。我们与组织合作，帮助他们开展创新的举措。我们将自己描述成一个商业人类学公司，就像一个“玛格丽特·米德公司”（corporate Margaret Mead）①，能够超越组织的结构去理解世界。

我一直坚持，如果我们的工作与客户的战略举措能够相联系，它就是有意义的，也是有用的。它提供的视角，扩展、塑造和影响了他们开展业务的方式。例如：我们领导了一个领先的研发机构的重新设计，将其内部文化从一种严格的“工程师文化”（意味着一种以技术为中心、以工作隔间为中心的工作方式）改变成为一种能够理解“人们在实际生活中真正会做什么”的工作文化。换句话说，我们将工程师视为“人类学101”的学徒，教他们如何“看待”他们的发明的受众，以及如何从这种理解中培养创新的洞察力。

“设计人类学”成为一个越来越大众的词语，特别是在高科技公司中。提起任意一个硅谷的公

① 玛格丽特·米德，著名人类学家，被誉为“人类学之母”。（译者注）

> 司，它就有可能雇佣了一个或两个人类学家……在有些情况下，一个公司有资源雇佣专门的民族学家，而不是让产品设计师自己研究民族学……对一种情境，或者一个广泛的主体和概念的探索和疑问，似乎与人类学项目紧密相关，尽管它不是一个学术项目。（Drazin 2006: 99–100）

格雷格·盖斯特（Greg Guest）发现，尽管很多人还是认为人类学家总是消失在偏远地区：

> 很多人类学家的工作离家更近了。21世纪的人类学包括了特别广泛的主体和研究情境。人类学家正将在澳大利亚内陆或卡拉哈里（Kalahari）沙漠习得的理论和研究方法运用到现代社会，提供了许多创新的见解，创造了新的解决方法。（Guest 2003: 259）

他认为，自己在受人类学科学训练时学到的方法可以直接转换到其他领域。“人类学家在科技行业做的工作和人类学家的传统工作没有那么不同（Guest 2003: 259）。”在一个叫做智宇公司（Sapient）的咨询团队中作为“高级建模师”工作时，他借鉴了他早期所做的一项有关厄瓜多尔捕虾渔民的研究。这个研究直接对比了渔民与自上而下的监管条例之间的关系和人们在应对难以理解技术系统时遇到的困难。他在科技行业的任务是帮助提出好的技术解决方案，他认为，“用户友好”的系统需要企业理解消费者的信仰和行为，他在这一基础上进行这项工作。

> 人类学家在科技行业能做什么？简言之，我们使用民族学来更好地理解使用者和协助设计工作。我们的现场参与式观察的传统和我们的全局视角可以被用来获得对人、社会文化因素及活动与设计之间复杂交互的更深入的理解。民族学比其他形式的研究——例如两种常用的方法：调查、焦点小组——更有优势，因为它可以展现该设计将被应用的活动情景中的用户需求。（Guest 2003: 259）

这样的工作在设计公司也有更广泛的应用。因此，海斯·库姆斯（Heath Combs）一直在记录为家具公司研究居家者的人类学家的工作，探究了居家的人们实际上是如何使用家具和自己的生活空间的。“在家具行业，他们的发现会驱动从零售商店和产品设计到品牌管理各方面的工作……人类学家对相对较少的人进行密切关注，以得到对消费者需求的详细理解（Combs 2006: 1）。”

亚当·德拉津指出，商业客户并没有寻找人类学本身——他们在寻找问题的答案和解决方案：“在大部分情况下，一个商业客户购买的不是人类学知识。他们购买的是解决问题的人类学研究。很多商业研究始于一个问题。各种客户都是这样的——不只是公司和制造商，还有慈善团体、民意机关和政策制定者。客户首先找研究公司来解决问题（Drazin 2006: 94）。”

这种观点也揭露了一个现实，人类学本身——和更普遍的科学研究——也可以被看作一个产品：一项接受了训练的研究者提供的服务。商业和工业当然是如此认为的，反映了这一领域的经济视角。因此，人类学家有很多方式可以接触商业活动：作为全球化的分析师和其社会和环境效应的评论家；作为文化翻译者；作为可以提供对商业有用的关于人类行为见解的专家。由于人类学家可以作为顾问工作的工业和商业领域越来越多，他们在工业和商业找到工作的机会正在不断增加。

第七章　人类学与健康

不同的文化、不同的时代、不同的人，都有着各异的健康理念。医疗护理、食品安全、疾病传播等与健康息息相关的问题，同样是人类学家工作的主题。

文化环境中的健康

对人类生活来说，没有什么比健康更为重要。人们在健康问题的思与行方面存在着巨大的文化差异。从摇篮到坟墓，健康的各个方面始终是一个重要的社会维度。因此，健康是人类学的主要应用领域之一。

人类学对健康的兴趣跨越时间和空间。他们关注进化生物学研究的时间变化和人类基因发展的观点，并分析历史变迁对人的健康和福祉所产生的影响。例如，第四章谈到从游牧生活方式转变为定居的生活方式，给人们带来的一些健康问题（Green and Iseley 2002）。博得·伊顿和迈尔文·康纳（Boyd Eaton and Melvin Konner

2003）的研究做了更进一步的回顾，思考了史前人类的饮食和生活方式与现代饮食和生活方式之间的失配性（the mismatch）。史前人类的饮食与生活方式是经过数千年的遗传适应所形成的结果，而现代饮食与生活方式则是非常近期和快速变化的结果。他们指出我们需要了解人类祖先的生活方式，才会明白现代人为什么会患上慢性病。

> 我们一直在检验这样一种假设：那些主要困扰生活在富裕的工业化西方国家人群的几种慢性疾病是由我们的基因结构和一系列生活方式因素之间的失配性造成的……生活方式因素包括饮食、运动方式和接触被滥用的物质……自智人出现以来，控制人类生理、生物化学、新陈代谢的基因结构并没有发生根本性的转变。但与此形成对照的是，自农业出现以来，人类的文化进化在相对较短的时期内以惊人的速度在变革。这导致之前在经历了漫长的地质时代才完成了选择的基因，要在如今这个完全陌生的、且许多方面都充满敌意的原子时代发挥作用。（Eaton and Konner 2003: 52）

其他教训也可以从过去吸取。佩森·史茨（Payson

Sheets）指出，考古学家已经发现了史前农作物、史前农业技术，甚至可以帮助治愈疾病的史前医学疗法。例如，对中美洲的萨尔瓦多古代玛雅石器的考古分析显示，黑曜石刀的锋利程度是现代外科刀片和手术刀的100–500倍，切口更干净，组织损伤更小。因此，有关古玛雅生产技术的考古知识被用于制作精细眼科手术的黑曜石刀片（Sheets 2003: 108）。

人类学在健康领域的应用也是受空间条件限制的：它有专门性的研究领域，如流行病学关注的是疾病如何在人群中传播；也有更具普遍性的跨文化比较研究，而跨文化比较是该学科的核心。有许多关于健康和医学的有用知识可以通过跨文化被共享。尽管21世纪的医疗保健主要由西方科学所主导，但还有许多其他的文化模式，同样探讨关于什么造就健康以及如何实现和维持健康的话题。因此，人类学有助于在不同文化群体之间，在不同的语境中，翻译和交流关于健康的不同观点。例如，在美国移民医疗保健领域工作（每年有80万移民来到美国）的安吉亚·凯里奇（Andrea Kielich）和莱斯利·米勒（Leslie Miller）就强调对疾病和健康观念多样性的理解是非常重要的。美国每年吸收80多万移民，"每一群新移民都带来了一套关于疾病和健康的独特文化信仰、一套医学术语和一箱子的偏方，这些都要求美国医生使用医学院通常未曾教授的技能（Kielich and Miller 1998: 32）。”

在工作过程中，他们遇到了亚洲人关于健康是阴阳平衡的观点；非洲和美洲原住民认为身体舒服无恙是与自然和谐相处的一种状态；而在来自西班牙语国家的移民中，他们认为健康是冷与热之间的正确平衡。回到伊顿和康纳关于现代生活方式的观点，他们还发现“与普遍的看法相反，大多数移民来到美国时的健康状况比在美国本土出生的同族裔的人要更加良好，但他们的健康状况会随着他们在美国停留的时间越长而越恶化（Kielich and Miller 1998: 38）。”

从摇篮到坟墓

人类学家参与研究人类生活各个阶段的健康，甚至在生命开始之前。一个快速发展的研究领域是人类生殖，尤其是技术辅助生殖方面，例如体外受精。但这种做法却引发了许多复杂的社会问题，例如通过避孕和堕胎等手段进行生育控制。在这些领域，对不同文化信仰和价值观保持敏感是非常有用的，甚至至关重要。例如，凯瑟琳·奇亚帕特·斯沃森（Catherine Chiapetta-Swanson）

在专门从事基因终止（当发现胎儿基因异常时进行的流产）的诊所同护士们一起进行研究。正如她所指出的："基因终止护理是非常紧张的。这是一种一对一的护理，涉及一系列极其敏感的程序，对病人和护士来说，这些程序在情感和道德上都很重要（Chiapetta-Swanson 2005: 166）。"她的研究帮助医院改善了流程的组织和管理，并帮助参与其中的人制定更有效的应对策略。人类生殖也带来了其他复杂的问题，尤其是在辅助生殖的情况下。因此，查瑞斯·汤普森（Charis Thompson）在加利福尼亚生育诊所就专门研究一些棘手问题，主要涉及由于卵子或精子捐赠或者代孕等第三方繁殖者的存在所产生的亲属关系和血缘关系问题（Thompson 2006a: 271）。

文化差异也是碧姬·乔丹（Brigitte Jordan）研究女性和生育行为时的重点。她与四个不同群体的合作都表明了生育行为是如何依赖于文化观念的。而文化观念则涵盖生死、性别、权力以及宗教的一系列观念。

> 乔丹的工作不仅在应用型的医学人类学方面打开了一个整体性的研究领域，而且同样具有重要意义的是，她的研究使得女性以及她们的家人、她们的医师能够了解到其他关于生育的观念……对于许

多女性而言，这项研究将生育体验转变为她们生命中一个积极的、情感上非常重要的时刻。（Jordan，Whiteford and Bennett 2005: 126）

正如第二章所指出的，在抚养孩子的方法上，文化差异同样明显，而这也是“长远眼光”能够提供信息的一个领域。一些研究人员不仅研究史前，而且研究类人猿。例如，萨拉·哈代（Sarah Hardy 2003）通过研究灵长类动物，思考了人类在抚养孩子方面的一些基本行为。她认为，《摩登原始人》对早期人类的刻板印象——男性被描述成猎人，女性被描述成养育者——是错误的。她还指出进化的记录实际上表明生物和文化机制在育儿方面是促成两性合作的。她还研究了当代人类文化，在这些文化中这种合作机制仍然存在，并且除了女性和男性以外，他们的大家庭成员在抚养孩子方面也都扮演着重要角色。她在研究中强调了社会合作在抚养孩子方面的重要性，对个人和整个社会都是如此。

建构知识体系

帕翠莎·哈默（Patricia Hammer，秘鲁社会福利中心 ）

我第一次接触人类学是偶然的。我报名参加了当地社区大学的健身班，想练好身体，找一份消防员的工作。在等待报名的过程中，我开始仔细阅读教学计划，并被一个名为“中国文化”的课程所吸引。虽然我对人类学知之甚少，但我还是决定上这门课。这位教授出生于中国，后来全家移民到加利福尼亚州。她在加州学习了人类学。

在最初的接触中，我对这门学科所包含的广度感到惊讶。出于对音乐的兴趣，我把课堂论文的重点放在了中国传统音乐的历史和风格上。我的同学们选择的主题包括中国的治疗文化体系、早期教育、书法、钓鱼和小船制造。我们的教授坚持认为，要想对一种文化有一个感性的理解，就必须“品尝它”，因此，在期末考试之后，我们所有人出去吃了一顿中国菜。那位教授不仅教我们使用餐具，还解释了中国的用餐象征和礼仪。这门课是一个令人高兴的人类学入门。

我放弃了消防员的职业理想，开始申请攻读本科，重拾自己早先对西班牙语的兴趣。我开始留意出国留学的机会，这样能使我掌握语言技能的志愿与体验不同文化和社会的愿望结合起来。我在大学三年级第一次离开北美大陆去秘鲁的利马大学学习。在那里，我对教授表达了我“想要试水”的热情。不到一个月，我就与安第斯山脉的语言学家取得了联系，并抓紧时间前往该地区。我受到了研究人员的热情接待，他们邀请我和他们一起去他们工作的偏远农村。

虽然我的人类学和西班牙语课是在利马的一所大学上的，但我利用长周末和学校的休假时间去了一个讲盖丘亚语的乡村。我观察并参与日常活动，同时做大量的笔记。我很高兴能够探索安第斯小村庄里的社会互动和文化实践，这与我自己所生活的美国城市的情况截然不同。

体验式学习的归纳特质在最初的实地考察中开始显现出来。因为我是由一位在当地已有口碑的语言学家介绍到这个社区的，所以人们把我和语言学习联系起来。当被问及我为什么来到他们的村子时，想到我那些可能乏味的词汇积累、参考词典和语法文本，我通常会回答说因为我想学这种语言。然而，我经常遇到意想不到的反应：“啊，那很容易!你所要做的就是喝这里的水，呼吸这里的空气，吃这里的东西，很快你就会像我们一样说盖丘亚语了!”这揭示了一种“学习文化”中的参与性习得的概念。除了咽下当地公社的东西，当地人还说服我，穿上当地的传统服装，参加日常的仪式性活动，我就会（在某种程度上）成为他们当中的一员。

作为一名女大学生，在几乎没有什么田野调查指导的情况下，我从社区成员那里得到了一些指导，他们教我做什么、穿什么、说什么、应该和谁说话（或不说话）等等，以及所有其他对乡村未婚年轻女性来说至关重要的细节。所以一点儿也不奇怪，虽然我进入这一领域没有特定的研究课题，但我带着对安第斯人性别关系的浓厚兴趣回来了。

在获得学士学位后，我确信自己想从事人类学相关的职业，但却不得不思考这将意味着什么。我仍然对安第斯山脉地区很感兴趣：如果我问社区里的人我应该学习什么，他们会怎么说?我想，应该是对他们有用的东西。

我在秘鲁的学习提高了我的西班牙语水平，所以当我试图想清楚在研究生院学习什么时，我在一家产前诊所找了一份医学翻译的工作。这引起了我对妇女生殖经验的跨文化观点的兴趣。我不仅被要求做字面上的翻译，而且发现自己不得不向诊所的工作人员解释拉丁美洲的习俗、信仰和行为。例如，女性患者认为，告诉护士她们所承受的重大情绪困扰（比如来自祖国的坏消息）是她们的首要任务，因为她们相信，突如其来的强烈情绪会对正在发育的婴儿产生不良影响。在那段时间里，我还为一位上门接生的助产士做翻译。我开始研究跨文化助产学，并发现了医学人类学。

最后，我嗅到了一种职业的可能性，这种职业可以应用于理解和提高产妇健康。我本可以接受护理助产士的培训，以追求同样的目标。然而，我却选择了人类学，因为这门学科兼蓄不同种类的知识。我在秘鲁和玻利维亚进行了研究，研究使用盖丘亚语的妇女在管理月经、怀孕、分娩和产后健康中使用的概念和处理方法。这一研究的基础是聚焦生理机制的文化概念，即人种生理学。这将为国际健康项目的参与度研究提供基础，以改善健康工作者和社区成员之间的沟通。

在研究生学习期间，我还研究了其他社会科学专业人士的工作，以期在学术界之外能够发展自己的事业。令我惊喜的是，当我向国际非营利组织和国家机构询问项目相关信息时，他们对我的研究非常热心，经常邀请我在研讨会上发言。我开始向国际卫生组织投送我的简历。一天清晨，我接到利马一位妇女生殖健康项目协调员的电话。我们详细地讨论了有效的参与式研究，没过多久我就飞往秘鲁，开始我首次作为国际卫生顾问的工作。

自1996年以来，我作为一名应用型医学人类学家在秘鲁和玻利维亚的卫生部、教育部和非政府组织项目中工作。我还担任秘鲁安第斯山脉中北部一个农村研究所的所长，该研究所致力于促进当地的治疗知识和实践。

向其他文化群体学习可以让我们质疑在我们自己的文化被视为“正常”的做法。伊丽莎白·惠特克（Elizabeth Whitaker）观察到，“文化决定了我们生孩子的方式和抚养孩子的方式……我们很少质疑我们的文化传统，尤其是在有专家和专家意见的时候（Whitaker 2003：38）”。她的研究从进化论、生物学和文化的角度审视了不同文化之间的母乳喂养实践，并指出，美国的育儿方式没能认识到母亲和婴儿不仅在孕期，而且在婴儿期也是生物意义上相互联结的一对：

> 从受孕到终止母乳喂养，母亲和婴儿在生理上是相互联系的。然而这种相互的生理关系在怀孕期间是显而易见的，但在出生以后的时期对许多人来说就不再那么明显了。在西方社会，人们希望个人独立自主，这一观念也延伸到了母亲和她们的孩子身上。在我们的经济、社会和家庭生活中，个人自主是一种核心价值，甚至在我们对健康和疾病的理

解中也是如此。但其实这并不是一个被广泛认同的观念，因为在其他文化中，以社会为中心的人格概念更加普遍。（Whitaker 2003）

生活中的许多转变都具有文化重要性，有大量的民族志研究都围绕着关于“转变”的各种思想和仪式，包括步入青春期、步入成年、踏入婚姻、出生、“成熟”的状态、职业晋升、退休，当然还有死亡。每个社会对这些人生阶段的处理方式都不同，但它们都标志着重要的转折点，通常都有精心设计的仪式来揭示与此相关的核心文化理念和价值观。每个社会对这些人生阶段的处理方式不同，但它们都标志着重要的转折点，通常都有精心设计的仪式来表达其核心的文化理念和价值观。这些因素会影响人们如何管理每个人生阶段，不仅是生育和育儿，而且还影响到之后的各个阶段，例如老年人的护理。随着上世纪40年代出生的“婴儿潮”一代已接近退休年龄，围绕老年护理的各种问题受到越来越多的关注。人类学家一直密切参与研究不同群体是如何设想、如何经历老年阶段；人们又是如何看待衰老；他们年老时从事什么活动 ；以及不同辈的人之间如何进行代际互动。

也有相当多的民族志学者专门研究那些为老人提供

短期或长期看护的机构，如养老院和医院。罗伯特·哈尔曼（Robert Harman 2005: 312）评论道："疗养院的治疗常常令人不满意，有时甚至不人道。"他指出，一些人类学家为这些机构的居住者作辩护，或者努力产生政策影响。此外，他们亦致力于为那些在这些机构工作或者上门提供服务的护理人员提供教育培训，制作指导视频及手册，并为他们举办研讨会及工作坊。

长期看护

沙瑞林·布瑞乐（Sherylyn Briller，韦恩州立大学老年学研究所人类学助理教授）

我来自一个城市的教师家庭。我父亲在纽约市的公立教育系统里教了三十年书。虽然他确实改变了学生的生活，但这份工作要求很高。他常常回到家疲惫不堪地说："你可以选择任何你喜欢的职业，就是不要当老师。太累人了。"而今天，我却不顾父亲的警告，在底特律的韦恩州立大学教授人类学。但是，我真的很喜欢这份工作，尤其是教授应用人类学，为学生将来要扮演的职业角色做准备。在每门课开课的第一天，我总是跟学生讲述"我的故事"。

曾经，作为一名21岁的人类学本科专业学生，我不知道自己大学毕业后想做什么，但我想我可能会从事与衰老相关领域的工作。我们家有很多长辈，包括祖父母以及他们的兄弟姐妹。其中有些人没有孩子，我的核心家庭在他们的生活中自然就充当着孩子和孙子的角色。我喜欢和他们待在一起，听他们的故事。

这种与老年人打交道和对口述历史的浓厚兴趣把我推向了老年病学方向。大学毕业后，我的第一份工作是在一家养老院做活动助理。这非常具有人类学特色，因为你的职责是了解人们和他们的兴趣，并试图把你的发现融入到他们一贯以来的生活中，使之更有乐趣。我想说的是，我之所以被录用是因为我个性和善，与老人们关系融洽，但事实是，我的老板认为，一个大学毕业生可以应对这份工作所需要的大量文书工作。这份工作也让我接触到了特殊护理和“痴呆护理文化”。

将近两年后，我在明尼阿波利斯一个经济不景气的社区担任一个大型社区高级中心的项目协调员。这涉及执行一项活动方案，鼓励老年人到该中心来，在那里他们能够吃到热的午餐，进行社交活动，并得到支持性服务。从专业上讲，我应该有一个社会工作硕士（MSW）的学位才能胜任这份工作。当我开始在高级中心工作时，我计划回到研究生院攻读这个学位。然而，我与该项目的社会工作者共用一间办公室，亲眼目睹了她的工作。在我看来，这工作的利弊都比较明显。积极的一面是，她每天都和长辈们一对一地工作。消极的一面则是，她得花大量的时间告诉老年人他们有资格获得服务。很多情况下，规章制度是有问题的，所以这个过程对所有人来说都很让人沮丧。这些经历激发了我对研究和政策的兴趣。有人建议我应该在一个与政策相关的领域工作，而这需要我攻读研究生并获得一个高级学位。没有人说必须是哪个特定的领域，于是我选择继续深造人类学。

我进入了克利夫兰的凯斯西储大学的研究生项目，那里有几位老师的研究专长是医学人类学和衰老人类学。我的学位论文主要研究蒙古的家庭养老和政府养老机制。我认为自己非常幸运，在我的研究生教育阶段，能有这种传统的长期的亚洲民族志田野工作经验。在研究生期间，我还参与了一个跨学科的研究团队，致力于改善美国的长期护理环境。我们为许多设施做了研究、员工教育和咨询，并出版了一系列关于创建成功的痴呆症护理环境的书籍。（Briller et al. 2002）

在完成我的论文时，韦恩州立大学给我提供了一个为期一年的人类学讲师的替补职位，第二年我获得了助理教授的终身教职。我目前的研究主要聚焦美国的老龄化和临终问题，我对使用人类学来解决一系列群体中的老龄化和健康方面的问题很感兴趣。我的工作还包括培训其他人类学家在广泛的社区环境中有效地工作。

我把这个故事讲给我的学生听，部分原因是为了让他们放心，因为你只要对这门学科很感兴趣，那么学习人类学就没问题，即使你还不清晰知晓将来如何使用这些知识。它还说明了进入一个领域的路径往往不是线性的，比如医学人类学。拥有人类学学位和它所提供的一套实用技能，就有可能在学术和非学术环境中始终如一地因人类学学位而受到聘用。我也用这个故事来格外说明人类学家即使是在不同环境下工作也必须具备的一些重要特点，即广泛的研究兴趣、灵活性、创造力以及愿意在一系列不同的职位上工作。然后，我鼓励学生们走下去，去创造他们自己的故事，在这些故事中，他们将自己所受的人类学教育付诸实践。

有些疾病是经常伴随着（有时是先于）衰老而显现的。了解与这些疾病相关的社会信仰和价值观也是非常有用的。关于癌症、残疾和痴呆的看法，对于在社会层面上定义如何治疗或管理这些疾病是至关重要的，而对潜在信仰的觉知和理解常常有助于开发出新的方法来应对这些领域的健康问题。因此，珍妮娜·科瑞（Jeannine Coreil 2004）的工作是研究疾病的不同文化模式，以及这些模式在乳腺癌援助小组中是如何发挥作用而影响康复的。

由于该学科具有跨文化的实用性，人类学家经常被请来为年迈的难民和移民的医疗保健做协助工作。罗伯特·哈曼（Robert Harman）提到了几个相关领域的研究：埃尔兹别塔·高兹卡（Elzbieta Gozdziak）致力于解决老年难民特有的问题和支持他们的专门项目；尼尔·亨德森（Neil Henderson）为西班牙裔和非裔美国人开发了特定种族的阿尔茨海默氏症支持小组；凯·布兰奇（Kay Branch）则供职于阿拉斯加的土著部落健康联盟，任乡村老年服务规划员（Harman 2005）。

如前几章所述，人类学家还与援助机构合作，其中许多机构的重点是将医疗援助带到全世界卫生保健系统未能覆盖的那些地区（以及不同的文化背景中去）。通常来讲，卫生保健资源的缺乏往往伴随着在提供足够的食物和洁净的水方面的困难。

食物与生活方式

长期以来，食物人类学一直是一个主要的研究领域。人种学者关注的是人类社会在处理生活的这一核心方面时所具有的社会和文化多样性。他们研究食物历史，研究食物如何被制作、烹饪和分享，研究食物在不同社会中的意义、食物如何在仪式中被使用，研究食物如何构建社会认同和地位，还研究用于医疗目的食物，当然还包括食品安全、营养和饮食有关的各种健康问题。

一场人类学的旅行

南希·波咯克（Nancy Pollock，维多利亚大学，惠灵顿，新西兰）

我的人类学旅程开始于加勒比海，但我开始建立自己的研究是在太平洋。在那里我很幸运地受益于许多寄宿家庭的热情和宽容，他们容忍我的那些看起来愚蠢的问题，让我品尝各种食物，也同我一起分享了或短缺或富裕的时光。许多次航班和乘船旅行带我穿越太平洋的天空和水域，到达各具特色的美丽岛屿。对外来者来说，每一个环礁和岛屿的环境都会挑战他们的理解力并需要当地视角的解释。我的田野调查因循着两个交叉重合的研究兴趣：影响健康的饮食习惯和发展学。这两个领域的研究使我与许多非社会学领域的专家交流信息，尤其是营养学家、流行病学家、律师以及健康物理学家。

1969年我写博士论文的时候，食品消费并不是人类学研究中一个受欢迎或被认可的领域，但在最近20年里，它开始崭露头角。对我来说，在马绍尔群岛的一个环礁社区收集的饮食数据为后来的田野调查提供了一个平台，并成为了一个丰富的民族志数据来源，记录了仍在美国管辖之下的一个环礁上的社会生活。这些数据还与后来对其他太平洋岛屿社区饮食习惯的研究形成了有趣的对比。

上世纪90年代，我和一位沃利斯的同事为（当时的）南太平洋委员会和新西兰医学委员会负责一项在沃利斯和富图纳的研究。其中一个项目侧重于从当地的视角理解肥胖，按照西方医学标准，当地人的身体质量指数（BMI）被认为偏高。一位数据提供者告诉我们，如果她减掉她96公斤体重中的任何一公斤，她都会感到虚弱，而这个舒适的体重对她的健康来说是一个重要的参考因素。研究的参与调查者们还强调：在当地，看重食物是因为它是融入社区的一种社交途径。沃利斯群岛和富图纳群岛仍然主要依赖当地产的根茎作物和鱼类作为家庭食物，这代表着一种尚未商业化的经济形态。

我根据法国医疗官员的建议而开展第二个项目，研究年轻沃利斯男子的饮酒习惯，他们在开车时要么伤着自己，要么伤着别人。结果发现主要原因是对社交生活的严格限制以及缺乏其他娱乐方式导致的丛林狂欢派对，而在任何街角商店都能随时买到酒也是一个原因。

这两个项目和之后在斐济的一个研究项目，积累了我的经验，训练了我与当地研究人员共同进行人类学实地工作的能力。在斐济，我们收集了有关食品消费的数据，然后与维多利亚大学的萨摩亚和毛利人学生合作，我们展示了在食物选择、进食时间和节日盛宴上的种族差异。这使得社会发展部资助启动了一个在惠灵顿的研究项目，该项目观察的是研究的被试者在每周只有100美元（或更少）可用于购买食物的条件下，在超市挑选食物时会使用什么标准。继这项研究之后，我接着调查了有关新西兰的食品银行（Food Bank）[①]使用的社会问题。此项工作成为了新西兰社会的贫困评估系列研究中的一部分。

在太平洋地区研究食品消费的工作也使我后来参与了在马绍尔群岛（Marshall Islands）的两个关注核试验后

① 食品银行为低收入群体提供免费食物，低收入者在据实填写家庭情况后可凭卡领取食品，个人经济状况改善后，可归还食品领取卡。

果的大型研究项目，上世纪50年代美国曾在那里进行核试验，引爆了Bravo和其他一些核设施。核索赔法庭于1987年成立，以评估这些试验产生的放射性尘埃对马绍尔人民和环境造成的损害。法庭在2001年至2003年期间举行了赔偿听证会，听取来自遭受影响的四个环礁社区的证据。目前，食品污染是造成病患健康问题的主要原因之一，典型的例子是大量马绍尔群岛居民罹患甲状腺癌。核物理学家、农学家、流行病学家和其他专家共同进行的研究，评估人们在暴露在辐射下50年后摄入的辐射量，以便计算赔偿等级（以美元计）。我在该地区早期的食品研究提供了食物的使用和生活方面的民族志背景资料，从而提供了一个环境指证，说明在这种情况下，人们可能已经暴露在辐射之下。我在四场法庭听证会上都展示了相关材料，针对每一个环礁的具体情况提供了历史的、环境的、社会学的证据。每个环礁社区都提出了索赔要求，虽然在撰写本文时美国尚未完成支付。

在另一个太平洋岛屿，瑙鲁，人们也要求赔偿，而这是为了1906年以来磷矿开采造成的影响。1919年，英国磷酸盐委员会（由澳大利亚、新西兰和英国政府提名的官员组成）从德国接管了该矿的管理，主要向澳大利亚和新西兰的农民出售磷酸盐，以提高绵羊和牛的产量。由于采矿业使该岛内部（五分之四）的土地无法使用，1968年瑙鲁独立后，土地所有者向前任政府专员寻求补偿，因为自开矿伊始，他们被支付的补偿非常低。他们的案件在国际法院进行了审理，国际法院裁定由澳大利亚、新西兰和英国向瑙鲁支付经济补偿，并提供生态恢复方面的建议。一个专门调查委员会负责记录修复该岛环境的方法，该委员会请我为土地索赔提供背景文件。我是18人团队中唯一的社会科学家（也是唯一的女性），我在这个团队和瑙鲁人之间扮演中间人的角色。我和我的瑙鲁同行在岛上召开会议，采访人们对瑙鲁未来的看法，并将这些问题录成影像资料。

最近，我对饮食习惯和健康的兴趣引发了我一系列的研究项目，这些项目关注粮食安全和贫困问题，其中多为跨学科项目。与不同学科领域的同事合作促使我们每个人都可以横向思考。营养学专业的同事们现在也把诸如膳食结构和当地的食物价值这样的社会问题一并纳入他们营养教育的生物医学方法中，并且开始理解社会数据的重要性，比如在计算食物摄入量或是应对肥胖的方法中，将社会数据也纳入考虑。

人类学家能够而且确实跨越了许多学科的边界。在这样做的过程中，他们试图克服交流中的难题——专业术语。我认为人类学学生将他们所受的训练应用在统计与定性之间的鸿沟，对未来非常重要；将主观与客观交织在一起，并提供新的思路。

围绕食物的文化信仰和行为对决定人们吃什么至关重要。大卫·希姆格林（David Himmelgreen）与德布拉·克鲁克（Deborah Crooks）指出，许多有关食物的人类学研究在处理与营养相关的问题方面都有很实际的应用。例如，一项研究调查了尤卡坦半岛可口可乐的高消费量，反映了当地人相信可乐是健康的，还反映了由于当地人们认为它是西方产品，所以是高地位的体现。正如两位人类学家所说："人类学对于麦当劳等快餐连锁店市场营销的研究在今天尤为重要（Himmelgreen and Crooks 2005: 155）。"用更通俗的表述来讲：

> 针对21世纪的营养问题，应用营养人类学有潜力做出特别贡献。这些问题包括全球范围的肥胖流行、饮食和体育活动在引发与肥胖相关的疾病（例如2型糖尿病）方面的交互作用、持续的营养不良和微量营养元素缺乏的问题以及在粮食丰富的世界中却持续存在的粮食不安全问题……全球化对粮食消费模式的影响。（Himmelgreen and Crooks 2005: 178–179）

人类学家经常发现自己总是在粮食安全成为主要问题的地区工作，例如：大卫·佩乐提（David Pelletier 2000，2005）在拉丁美洲、越南和孟加拉国的研究关注营养不良如何影响儿童死亡率，以期改善这一领域的政策。安·夫勒瑞（Ann Fleuret 1988）研究了粮食援助及其对肯尼亚发展的影响，并参与了美国人类学学会饥荒问题工作组。关于健康的研究，经常会与其他问题交叉，例如：麦克·米塔卡（Mike Mtika 2001）的研究说明了在贫穷国家，艾滋病的流行如何对家庭食品安全产生重大影响。

在一些地区，人们由于过度食用劣质食品以及久坐不动的生活方式而肥胖，研究人员就在这些地区开展工作。纳格尔·菲兹格拉德（Nurgül Fitzgerald）与大卫·西姆格林（David Himmelgreen）和他们的同事（Fitzgerald et al. 2006）参与了在贫困的美国社区中开展的教育项目，通过营养学来促进更好的饮食习惯的养成；巴利·鲍勃金（Barry Popkin 2001）一直在追踪发展中国家的饮食变化趋势，以及发展中国家向越来越高的肥胖水平转变的趋势；哈纳·布拉德彼（Hannah Bradby 1997）所做的关于格拉斯哥（Glasgow）的旁遮普（Punjabi）妇女饮食选择的人种志研究，着重关注了那些影响健康、饮食和心脏病之间关系的社会问题。

也有越来越多的人类学文献专门探讨健康食品、它们的意义以及它们展现出了人们在思考健康时使用了何种概念。罗莎琳德·考沃德（Rosalind Coward）对健康食品的研究也表明，人们越来越担心现代食品生产中含有的不良物质：

> 追求健康的饮食是我们可以有意识地控制健康的主要方面。饮食是一个特殊的领域，在这里，我们可以培养个人对健康的责任感。难怪在食品源头掺假的事实被广为报道的时候会引起如此大的恐慌……在导致不同健康状况的各种因素中，食品与健康已经不可分割地联系在一起，仿佛如果不认真注意饮食我们就不可能保持健康……食物及其与健康的关系已经完全取代了性，成为大家对身体焦虑的主要来源。（Coward 2001: 50–51）

这项工作与我开展的饮用水研究工作相互呼应，我的研究项目检验了为什么许多人愿意花费更多钱去购买瓶装矿泉水而不喝自来水。这是因为他们担心，在污水处理的过程，以及在经过整个工业农业用地的全过程以后，自来水中可能会有化学污染（Strang 2004）。

因此，人类学家可以为食物使用的许多方面，以及更广泛的行为方式提供洞见，比如人们对体育锻炼的看法，以及在经济和社会实践中鼓励（或不鼓励）体育锻炼的程度。正如第五章所提到的，在社会营销方面，人类学家很适合从事健康教育等领域的工作，这些领域的主要目标是了解文化信仰和价值观，以期鼓励行为的改变。一些在文化范畴内根深蒂固的观念使得人们养成对健康有害的习惯，而解决这些问题的唯一方法就是了解深层因素。因此，弗洛伦斯·凯尔纳（Florence Kellner 2005）的研究试图深入了解在大多数西方社会中，为什么作为步入成年的内容之一的自我建构和自我代表的过程，却实际上变成了鼓励年轻女性开始吸烟的过程。

将故事拼接起来

蕾切尔·古博曼-希尔（Rachael Gooberman-Hill，布里斯托尔大学社会医学系）

我是一名人类学家，研究健康、疾病和医疗保健。我观察健康的好与坏，并描述医生和其他卫生保健提供者如何照顾人们。我的工作旨在改善发达国家公众的医疗保健，因为尽管有着许多不错的治疗方法，但真正需要的人并不总是能得到它们。我负责的项目包括和人们谈论他们的健康和他们的医疗保健经历。我和我的同事采用一对一访谈、小组访谈（焦点小组）和观察的方式，话题从长期疾病和关节手术到癌症患者对使用吗啡止痛的感受。

能够被人们充分信任而听他们讲述自己的故事是一份真正的殊荣，这些故事往往是非常个人与私密的。然而我的工作不仅仅是倾听，而是要把许多人的故事集合在一起形成“更大的故事”，让决策者、医生和其他研究人员也能听得到。为了呈现这些“更大的故事”，我为医学杂志写文章，通常在文章中讲述面对一些特定的健康问题时应该如何应对。例如，我发表了一篇文章，解释了人们为什么喜欢（或不喜欢）使用拐杖，还有一篇文章讲述了承受着关节炎的痛苦、与病共存的生活是什么样的。花时间倾听他人通常令人很感动，但能够讲述他们的故事则是令人兴奋的，我喜欢花时间写出我的研究报告。

我工作中同样重要的另一部分是与不同职业的人一起共事，例如医生、心理学家和统计学家。尽管我们可能分散在不同的国家，但会一起思考需要研究的领域，并据此设计新的项目。我们的目标是阐明具有地方和国际重要性的问题。对我来说，每一天都是不同的，拥有人类学家的研究技能总是能打开一扇门。

理解疾病

毫不夸张地说，在应对传染病时，行为的改变也是一个生死攸关的问题。在这个领域，就像在其他领域一样，对当地的了解至关重要。人类学研究的比较性特质强调了这样一个现实，即处理流行病有许多具体的文化方式，其中一些可能比强加的西方模式更适合于某种特定的环境。柯蒂斯·亚伯拉罕（Curtis Abraham2007）讲述了巴里·休利特（Barry Hewlett）的工作如何阐明了这一点。休利特研究了1995年和1996年西非中部爆发埃博拉病毒后出现的一些问题。虽然派出了医疗援助，但援助队伍与当地社区几乎没有沟通或协调，人们对外来者变得非常怀疑，以至于当他们因第二次疫情返回时，他们的活动遭到了武装抵抗。研究表明，问题出在救援机构对当地历史、人们对疾病的理解与管理都缺乏了解。对非洲医学的刻板印象也误导了他们。“西方公共卫生官员忽视了土著居民也有自己的疾病控制和预防策略这一事实”（Abraham 2007: 35）。一定程度上，因为此项工作，世界卫生组织（WHO）修订了应对埃博拉疫情的指导方针。

柯蒂斯·亚伯拉罕还指出泰德·格林（Ted Green）的

工作进一步验证了尊重当地理解的必要性。格林（Green）在撒哈拉以南非洲地区工作了几十年，熟悉当地的传染理论。他指出，当地人们很清楚疾病的原因，以及传染病是如何传播的，并且有特定的检疫协议。与当地方法相协调并积极支持和利用这些方法的方案更有可能发挥作用。世界卫生组织也采纳了这一建议，现在正努力与本土医疗实践合作并将其纳入援助方案（Abraham 2007）。

在处理艾滋病等流行病问题时，理解当地的观点尤其重要。艾滋病在非洲造成了如此毁灭性的破坏。亚当·阿什福思（Adam Ashforth）的工作着眼于这种疾病的传播如何与巫术的观念纠缠在一起，传统上，巫术被视为疾病的一个核心因素。在非洲，过早死亡或过早患病的案例几乎总是被归因于无形力量的作用，通常被描述为巫术。因此，艾滋病毒及艾滋病（HIV/AIDS）的流行也被认为是“巫术的流行”（Ashforth 2004: 147）。由于这种情况引起的不信任，这种疾病不仅对人类健康构成威胁，而且对该区域民主治理的稳定也构成了威胁：

> 巫术流行的影响与公共卫生危机的影响截然不同……当人们怀疑巫术在社区中起作用时，疾病和死亡就会将公共卫生事宜从政策适宜性的问题转

变为公共权力的基本特质和合法性的问题，即社区安全、保障以及社会诚信这样的一般性问题。（Ashforth 2004: 142）

毒品文化与犯罪

无论艾滋病发生在哪里，在考虑如何最好地抗击艾滋病时，了解当地的文化视角至关重要。马瑞尔·辛格、雷·伊瑞扎瑞和简·珊苏尔（Merrill Singer，Ray Irizarry and Jean Schensul 2002）对美国的艾滋病预防进行了研究，观察吸毒者共用针头的情况。他们的核心问题是，如果提供免费针头，这个群体是否会使用，这会不会成为一个减缓艾滋病毒及艾滋病（HIV/AIDS）传播的有效方法。然而，他们也不得不考虑到人们会担忧在当地社区分发针头可能会增加注射式吸毒的人数，也要考虑那些围绕政策制定的政治现实："针具交换是近年来在阻止艾滋病向吸毒者传播的努力中颇具争议的策略之一（其他争议性话题则包括广泛地在街头分发避孕套和清洗针头的漂白剂）（Singer，Irizarry and Schensul 2002: 208）。"

他们的研究表明，对针具交换会增加吸毒人数的担忧是没有根据的，而且该计划作为防止感染传播的有效措施具备一定的潜力。

正如这些例子所表明的，人类学家往往会问人们为什么要做他们所做的事情，而不是简单地谴责许多人眼中的那些反社会行为。和其他社会科学家一样，他们认为深入问题的表面之下，找出问题的原因，更有可能找到有效的解决方案。研究者将这一方法用于调查一系列难以解决的社会问题，例如毒品和酒精的使用、卖淫、暴力和犯罪，这些问题不仅对一般意义上的社会生活，也对更加具体的人类健康和福祉产生重大影响。例如，琳达·班尼特（Linda Bennett 1995）的著作从不同的文化角度研究了酒以及酗酒对家庭的影响。琳达·怀特福德和朱蒂·威图西（Linda Whiteford and Judy Vetucci 1997）研究了孕期药物滥用的影响，以及如何预防药物滥用。菲利普·布赫戈（Philippe Bourgois 1995）在纽约哈莱姆区的调查揭示了围绕毒品交易的庶民经济（the subaltern economy）。

公共健康的质量

理查德·臣霍尔（Richard Chenhall，查尔斯达尔文大学门基斯健康研究学院，北领地，澳大利亚）

在攻读博士学位期间，我参与了对住院治疗中心的评估。在完成人类学的本科和研究生学位后，我的第一份正式工作是在公共健康研究所教书和做研究。作为唯一在该中心工作的社会科学家，我对公共健康研究人员所说的语言感到困惑，他们大多是流行病学家。我对伯克霍尔德氏假单胞菌一无所知；我不太确定什么是慢性疾病；我只知道公共健康是应对人口健康的问题，主要使用统计学的方法。每个人都会谈及某位医生在19世纪40年代通过封闭伦敦的一个水泵而阻止了霍乱的流行。所以我在各种讲座和与医生的讨论中磕磕绊绊，常常觉得自己很傻，因为我几乎听不懂他们在说什么。

我发现，公共健康领域的研究人员对他们认为人类学家能够提供的信息非常感兴趣，但在流行病学（主要依赖数据统计）主导的研究背景下，参与观察法等定性方法并不常见。复杂的社会分析不容易被纳入旨在提供非常具体干预措施的公共卫生模型。人类学研究试图通过检验人们生活中的一系列社会和文化影响，以超越临床知识和统计比较，从而扩展对健康问题的理解，因为与疾病和治疗相关的社会与文化方面的因素是不能被简化为变量的。然而，在了解人口健康上，我们需要处理人类行为以及我们所处的社会系统中更为复杂的问题。

自我开始在这个领域工作以来，很多情况已经发生了变化，定性研究和人类学方法在健康科学中变得越来越流行。我目前在一个公共卫生硕士学位课程中任教，大部分学生会继续在健康相关的项目中担任项目经理或研究助理，或在政府部门找到工作。许多人使用人类学的方法论，发现定性研究方法成为了他们在工作中使用的关键技能之一。

在过去的几年里，我的工作有三个主要方向。首先，在扩展我读博期间研究的过程中，我协助进行了对原住民酗酒和毒品治疗中心的文化适宜性评价。与原住民滥用毒品有关的急性和慢性社会和健康问题被视为一个全国性问题，虽然住院治疗被认为必不可少，但负责实施的卫生专业人员、研究人员和原住民说他们缺乏工具来评估其有效性。我的研究旨在探索和衡量治疗期间和治疗后的结果，使用参与式的行为研究，并由组织本身发起和控制（Chenhall 2007，2008）。这项研究是托雷斯海峡群岛原住民健康方面的国家健康和医学研究培训团体研究的一部分，现在为国家和国际研讨提供资料。它表明，设计健康评价的过程可以促成治疗重点和治疗提供方面的组织变革。

澳大利亚的结核病发病率较低，但移民和原住民群体的结核病发病率仍然很高。几年前，我和一位同事在北阿纳姆地社区进行了一项结核病研究（Grace and Chenhall

2006）。我们发现，由于对结核病的病因和症状的认识和知识水平有限，土著居民不愿到卫生诊所就诊，导致活动性结核病发现较晚，并且他们不愿配合治疗。与此相关的问题有很多，包括对治愈的文化理解，缺乏资金支持专门治疗，以及当地土著社区领导人在试图影响资金分配方式和政策制定方面遇到的种种困难。

我的另一个主要研究兴趣是改变偏远土著社区药物滥用的趋势，尤其针对年轻人。最近在北领地，我和另一位人类学家开展了与吸食大麻、嗅吸汽油和少女怀孕增加的有关的问题的研究（Chenhall and Senior 2006，2007；Senior and Chenhall 2008）。

鉴于澳大利亚政府近期在土著社区对酒进行限购的“干预”政策，我们的研究表明，其他类型毒品的吸食，特别是大麻，却有所增加。因此，这项研究引起了媒体和政治方面的重大关注，一个意想不到的结果是对拥有和贩运大麻的人实行了更严厉的惩罚和罚款。这与我们的建议不一致，我们的建议侧重于提供健康和教育服务，以解决药物滥用的潜在社会决定因素（Carson et al. 2007）。因此，将研究成果转化为有效的政策变革并不像看上去那么简单。

吸毒、酗酒和卖淫往往发生在同一社会经济领域。爱德华·劳曼（Edward Laumann 2004）在芝加哥进行了一项研究，探讨“性市场”的复杂性，以及这些市场如何与社交网络、传播疾病交织在一起。他还研究了性暴力及其社会和文化背景。

许多社会问题与心理健康问题有关，虽然这些问题往往被视为个人问题，但如何在社会层面处理它们至关重要的。在如何理解和包容心理健康问题上，人们存在着广泛的文化差异，而关于这些差异的人类学洞见对于心理健康问题的管理和治疗都很有用。他们还揭示了态度的变化，例如：艾米丽·马丁（Emily Martin）考察了人们对躁狂抑郁症和多动症（注意缺陷多动障碍）等精神状况的态度。她观察到，因为有关“造就一个人的条件”的看法变得更开放、更多变、更具流动性，这些条件“在美国中产阶级的文化中经历了戏剧性的改变，从仅是可怕的‘负债’，变成特别有价值的‘资产’，这种改变可以潜在地改善一个人的生活（Martin 2006: 84）”。对心理健康的文化态度也必须结合生理问题一起来考虑:不仅包括基因、饮食和生活方式，还包括更广泛的社会、文化和生态的影响，这就需要罗杰·沙利文（Roger Sullivan）和他的研究合作者所说的“生物文化分析”。他们在帕劳的研究试图找出为什么帕劳是世界上精神分裂症发病率最高的地区之一，其中男性群体发病率尤其高（Sullivan et al. 2007）。

更极端的精神健康问题往往与犯罪交织在一起，媒体对分析犯罪的社会原因，特别是解决犯罪问题方面有相当大的兴趣。法医人类学经常出现在小说、电视节目和电影中，并因《沉默的证人》等节目而闻名。法医人类学家的工作通常是鉴定骨头并推断死因；她或他总是先从确定骨头是否是人类骨骼开始，然后寻找可以判断年龄、性别和祖先起源的证据。牙科记录是有用的，旧的骨折损伤与疾病迹象，头发样本，血型，当然还有DNA也是有用的。一般来说，这个工作并不像电视上描述的那么戏剧性，但也有一些著名的案例，例如阿尔弗雷德·哈珀（Alfred Harper 1999）描述了法医人类学在破案中发挥的作用，凶手把妻子的身体扔在一堆工业木屑中以后，法医通过识别微小骨骼和牙齿碎片而破了康涅狄格州发生的这起案件。近年来，法医人类学家也参与鉴定卢旺达等国种族灭绝的受害者，不幸的是，对这类工作的需求还在增加。

从上面的叙述可以明显看出，人类学家在健康方面所做的工作有很强的多样性，并且出现了一系列要求具备专门知识的次级学科领域，例如医学人类学、生物人类学、营养人类学和法医人类学。由于人类学总是考虑社会行为的背景，因此也有相当多的研究关注那些应对健康问题的机构。

护理：一个整体视角

马里昂·德鲁兹·门德茨维格（Marion Droz Mendelzweig，瑞士洛桑卫生学院研究主任）

我一直想知道人们做在什么，以及为什么要那么做。有时候我想问他们：“是怎么形成这样的行为方式的？”我想，作为一名人类学家意味着有能力保持一种孩子般的好奇心。

我的研究是“过去”导向的，而不是关注一个民族学的哪一个“其他”领域。我的第一个学位是历史，但在1994年为国际红十字会（International Red Cross）工作时，我亲眼目睹了卢旺达令人深恶痛绝的种族灭绝，于是我转而学习人类学。和同一个家庭的其他成员一样，卢旺达也曾遭受了纳粹的种族灭绝，我发现在卢旺达的经历与我自己国家的历史产生了共鸣，并使我对于个人与决定其身分的社会之间的关系有了新的了解。在看到了卢旺达种族灭绝的后果之后，我转向人类学，希望能找到一个解释，让我不要对人类感到绝望。我不能说它让我更乐观，但我相信，掌握人类学知识来观察人类有助于我们更具理解力地思考世界上正在发生的事情，并能够更明智地想象未来。

为了学习人类学，我加入了瑞士纳沙泰尔大学的民族学研究所。对于渴望了解无限丰富的人类文化的年轻学者来说，这是一个非常有吸引力的地方。我在那里的研究是一段连续的探索之旅，与其说是从我们研究的种种课题中探索，不如说是从学会如何看待这些课题中进行探索。每一个新的研究视角都引发了更多的探索：我会在哪个领域继续研究呢？是宗教人类学吗？是食品人类学？还是物质文化人类学？最终，在众多可能的途径中，“健康”一词获得了新的含义和复杂性。

我的硕士论文题目——医学辅助生殖——为我在护理学院从事医学领域的研究工作打开了一扇门。从广义上讲，护理和医疗方法的区别在于前者以病人为中心，后者以疾病为中心。从护理的角度来看，人们的兴趣不在于疾病的生物学原因，而在于病人自己对疾病的理解，以及对疾病进展和治疗产生影响的社会与环境条件。因此，护理学校在其教学计划中纳入针对健康、文化、亲属关系和社会群体的人类学研究方法，或者说护理成为一门热衷于从人类学中汲取专业知识的学科，就不足为奇了。二者的共同目标是：获得理解他人的能力。

我在这所学校的任务有两方面:一方面向学生讲授人类学研究方法，另一方面开展研究项目，例如研究移民的健康网络。我认为人类学对护理的主要贡献是为健康和医疗保健相关的社会现象提供了一个全面的理解。

管理健康

我之前提到了在考虑疗养院等卫生机构相关的问题时人类学的作用，在疗养院，人类学家的思考是围绕老年人或残疾人的长期护理问题展开的。一些研究人员对医疗卫生行业本身也进行了分析，研究了它们的政治、社会和经济动态。例如，伊丽莎白·哈特（Elizabeth Hart）对组织人类学特别感兴趣，她将注意力转向卫生保健设施的制度文化如何使一些人比其他人有更多的发言权。她研究了人们在组织环境中发言的经历。在组织环境中人们感到自己在某种程度上受到压制、边缘化，甚至像护士在谈到自己的护理技能时经常做的那样——把自己描述成隐形人。哈特主要与英国国民保健署（British National Health Service）的女性员工共事，也与男性高管共事。她发现，男性高管在公开讲话时也同样会面临困境，他们有时被要求对自己正在执行的政策表示很有信心，哪怕他们对这些政策的有效性存在严重疑虑。

性别问题也出现在乔恩·卡塞尔（Joan Cassell 2003）的研究中，该研究思考了在男性占主导地位的医疗保健领域中女性外科医生的现实情况，在该领域，关于实践的隐喻非常具有侵略性，使用战争和入侵的意象，并要求鼓起勇气，快速决策。她的研究提出了这样的问题：女性是否真的表现出了被预设的传统的女性特征，比如敏感、热情、同情心，以及这些特征是否（以及如何）对手术室产生影响。

研究还坦言，女性在这个舞台上往往没能受到同样的欢迎——比较性的民族志研究表明——这在男性主导的领域并非罕见的现象："在所有令人兴奋的职业中都有类似的对女性的不信任和排斥。人类学家对这种男性思维再熟悉不过了：神圣的笛子、喇叭、牛吼板（澳大利亚等地土著用于宗教仪式的一种旋转时能发出吼声的木板），一旦让女人知道它们的秘密就会失去效力"（Cassell 2003: 275）。

许多社会和道德价值渗透在健康护理中。例如，黛博拉·卢顿（Deborah Lupton）的研究"将医学作为一种文化"进行紧密关注，她特别感兴趣的是，医学专业人员如何非正式地将病人分为好与坏，这取决于他们的疾病是否由自己造成的（例如通过吸烟或滥交）；他们是否谨遵医嘱；他们是否质疑医生的权威，或是对医生充满敌意和抱怨。

虽然医学建立在客观的科学原则和利他主义的伦理原则之上，但道德价值观却贯穿于整个医疗过程中。在医生和其他医务人员与病人的互动中，不仅包括出于生物医学模型和时间的紧迫性塑成的医疗判断，还包括对于病人形成的价值判断，这基于

> 性别、社会阶层、种族、年龄、外貌和疾病的类型（例如，是否“理应”患上这种疾病）。（Lupton 2003: 134）

卢普顿还思考了替代疗法如何挑战医学权威，通常是通过拒绝简单的身心二元论，认识到更广泛的人类与环境互动的重要性。这让我们回到本章的起点，即对于健康和福祉有许多不同的文化模式。在当代的多元文化社会中，这种多样性需要被谨慎管理，因此一些人类学家参与了需求评估和卫生政策的制定。

例如，埃里克·贝利（Eric Bailey）曾与一家名为“联合健康护理”（United Health Care）的组织合作，该组织是底特律一年一度的健康博览会的联合赞助商（Bailey 1998）。该组织发现，它在非洲裔美国人的社区中几乎没有取得成功——事实上，他们对健康服务的参与度还在下降。贝利所做的文化历史研究表明，很多为这部分人群提供医疗保健的机构也在衰落，而且主要依赖教学型医院。教学医院的员工流动率很高，使得信任很难产生，他们提供的服务也就很难被接受。此外，许多人并不参与免费的健康筛查，因为慈善关怀被认为对个人来讲是有损人格的。执行这些任务的医疗人员（通常在不恰当的环境下）一般不是非洲裔。他们和他们使用的宣传材料都没能体现对当地文化的敏感性。随着这些问题变得明晰，用更有效的方式组织卫生服务变得可行（Ferraro 1998）。

同样，梅里·伍德（Merry Wood）受聘于英属哥伦比亚的大温哥华健康服务协会（Greater Vancouver Health Service Society），该组织有9个心理健康团队和400名员工。伍德的工作侧重于长期规划、需求评估和项目评估。为了改善服务，满足不同文化群体的需求，她编写了一本简短的手册，以供人们在审查其政策和项目时使用。（Wood，Ervin 2005: 106）

尽管道德规范在其他领域也很重要，但它在医学和健康相关的研究中尤其重要。还有一些重大的情感问题，如堕胎，仍是激烈冲突的焦点（Ginsburg 1989）。正如本书先前部分所提到的，在人体器官的更换方面也存在着复杂的伦理问题。可供移植的器官严重缺乏，这为各种销售途径打开了大门，然而把器官当作商品的想法却引起了一些重大的“社会和道德问题”（Marshall，Thomasma and Daar 1996: 1）。基因分析的新技术和潜在的基因疗法也引发了大量的伦理问题。例如，像瑞纳·拉普（Rayna Rapp 1989）和埃维亚德·拉兹（Aviad Raz 2004）这样的人类学家已经开始考虑围绕基因咨询的论述，以及基因咨询将会如何重新构建医学观念；凯瑟琳·泰勒（Kathryn Taylor 1988）则围绕医疗信息披露而产生的问题进行研究。

如本章所述，尽管许多人认为“健康”是一个专业类别，但它实际上强烈地体现在生活的社会和文化范畴中，就其本身而论，它的所有方面都能得益于民族志的分析，因为这些分析揭示了左右人类行为的思想和信仰基础，也揭示了那些形成对健康有益或无益的环境氛围的社会、经济和政治现实。在这一领域有许多令人着迷的和有价值的研究空间。

第八章 人类学，艺术与身分

人类学为我们理解艺术作品提供了另一个角度：人的身份表达与认同。致力于研究人类群体及其行为的人类学家，自然不会放过文化艺术这一人类活动中不可或缺的一部分。

定义身分

人类花了大量的时间和精力来“创造”自己和他人，并形成了社会身分的概念：“我们”是谁、“他们”是谁。人类通过语言、表演、艺术、物质文化、仪式以及其他媒介等多种方式来做这件事。每一个人类社会，无论大小，都有一系列自己的特点，并且在与其他社会的比较中被加以界定。按照性别与性取向、年龄、阶层、教育程度、政治意识形态、宗教信仰等因素，身分还可以进一步被细分。范围上较大的社会包含着一些亚文化群体，例如原住民社区、族群、移民、农村和城市居民等。同时，也有按照职业或兴趣（特别是体育运动）来定义的一些更加专业的群体。几年前，本尼迪克特·安德森（Benedict Anderson 1991）提出了“想象的共同体”（imagined communities）这一著名的概念，描述了人们如何定义自己的身分，以及人类社会存在很多这样的社群：社会的、职业的以及意识形态的。它们可能非常专业，例如科学界，虽然规模并不大，但是横跨全球，并且有着共同的职业身分。而且，其他的共同兴趣也会使人们有所联结，比如在音乐界或艺术界。

尽管有一种倾向认为艺术（无论以何种形式）是文化的一种非必要的附属品，但人类学家们对待艺术的态度是认真的。人类学家们把身分以及身分表达的方式视为人类生活的一个重要组成部分，而且认识到身分在地方、国家和国际各层面的群体间的冲突、土地资源之争以及文化多样性的保护方面都扮演着重要的角色。因此，理解人们如何处理身分及其表征的问题，既实用又引人入胜。这就是为什么有那么多人类学家致力于研究身分构建以及身分表达的过程。本章探讨了研究者在本领域的一些研究成果。

社会性别与生理性别

性别是人类身分最基本的一个方面，但是跨文化比较却揭示出，关于究竟存在几种性别以及关于性别是如何构成的认知方面，在不同文化中存在着很大的差异——性别是依据生殖器官来分类（如大多数西方社会），还是按照肌肉和骨骼的密度来划分（如尼泊尔），还是根据偏好与行为来决定（如在那些性别类别更加多变的社会中）。例如哈丽雅特·怀特海德（Harriet Whitehead 1981）早期对美洲土著文化的研究发现，美洲土著通常会认为存在三种性别：男性、女性和第三性。其中，第三性被认为是一种更为混合的性别。莎琳·格雷厄姆·戴维斯（Sharyn Graham Davie 2004）对印度尼西亚布吉人的研究则描述了一个存在五种性别的分类系统。

人类社会对性及其构成同样有着不同的认识。詹妮弗·罗伯逊（Jennifer Robertson 2005）对不同社会中的女同性恋（lesbian）和男同性恋（gay）文化进行了比较研究，揭示出人们对性的认知、表达和体验上存在着诸多文化差异。同时，她也注意到人们对同性结合的接受程度也存在着很大的差异。

性别人类学通常关注在不同的文化背景下人们如何维护男性化或女性化观念。例如，亨利克·朗斯博（Henrik Ronsbo）对中美洲的年轻男性足球运动员的研究得出结论：体育运动在建构他们在当地的身分方面发挥了关键的作用，这一过程和宗教兄弟会吸纳会员的过程类似。“年轻男子踢足球的时候，其他村民在观看，在此过程中就体现出了个人身分和社会身分（Ronsbo 2003: 157）。”在与澳大利亚北部的年轻牧民们一起工作时，我也对类似问题产生了兴趣，并观察他们是怎样在一个非常艰苦的环境中学习“如何成为一个真正的男人”这一高度社会化的过程（Strang 2001b）。事实上，正如巴里·斯马特（Barry Smart 2005）对体育明星的研究所揭示的那样，现在已经形成了一套完整的“体育人类学”，它致力于探讨很多体育活动的社会意义表达。

丽塔·阿斯图蒂（Rita Astuti 1998）在马达加斯加研究了人们对男孩和女孩出生的不同态度，从而揭示了性别身分在决定社会地位和权力分配方面的重要性。莉拉·阿布-卢霍德（Lila Abu-Lughod）的研究则进一步阐明了这一点。她的研究发现，在埃及，成功的女影星承受着巨大的社会压力，她们因忽视丈夫和家庭而受到批评、被迫“忏悔”、放弃自己的职业，并被要求成为符合伊斯兰教思想中的女性气质。具体来讲：

> ……在新闻界和其他媒体，尤其是在过去二十年失业率不断上升的情况下，被普遍传播的一种观点认为，妇女就该在家中与家人待在一起。女演员和其他演艺界人士集中体现了对这一模式的挑战，所以她们也理所当然地成为了被针对的对象。之所以这样，部分原因是她们是这一普遍现象最极端、最明显的例子——职业女性。（Abu-Lughod 1997: 505）

工作场所中的女性平等问题随处可见。例如，吉莉安·兰森（Gillian Ranson）在卡尔加里就女性工程师进行了“在男性统治的最后堡垒中增加女性参与带来的影响”的研究（Ranson 2005: 104）。她的主要问题在于探究她们是否可以“长期”留在这个领域（Ranson 2005），以及她们的经历对当代加拿大性别关系和女性的职业机会带来的启示。

有众多方法可以被用来探究不同社会中性别关系。正如我们在前面章节中所阐述的，性别也是一大定义资源所有权和决定资源获取的重要因素。而且，性别通常也会影响受教育的机会。正如安娜·罗宾逊-潘（Anna Robinson-Pant）在印度和非洲就女性与读写能力的研究，探讨了文化程度与女性所能达到的平等程度之间的关系（Robinson Pant 2004）。

种族、民族主义与社会运动

另一种会对人们的生活产生重大影响的身分标志是种族。尽管大多数人类学家认为种族这一概念是个新发明——一种用以描述“他者”的文化策略，而几乎没有基因基础。然而，尽管如此，种族这一概念仍然广为流传。通过引用人类学创始人之一李维-施特劳斯（Levi-Strauss）的研究，克利福德·吉尔茨（Clifford Geertz 1986）指出，每一种文化都希望通过抵制周围的文化来定义其自身。这一观点在关于种族的论述中非常明显，这些论述直接反映出关于人类构成的基本观点，它们认为，从字面上看，是血统和基因构成了人类，但是从更广泛的意义上来讲，知识、信念和意识形态等都可以被视为一种易受他人“污染”的身分（Douglas 2002［1966］，Strang 2004）。

人类学家在种族问题上所做的部分工作是研究种

族的观点是如何产生和维持的。例如，卡罗琳·弗洛尔·洛班（Carolyn fluehrr-lobban 2005）探索了美国的“种族主义是如何产生的”，并考察了其中的生物学观点和文化观点，以及使得种族主义假设仍然存在的社会和空间安排。吉莉安·考利肖（Gillian Cowlishaw 1998）的研究阐明了在原住民和广大的澳大利亚人之间的关系中，种族的观念是如何被表达的。同样，彼得·韦德（Peter Wade 2002）研究了在英国，种族的概念给文化上日益多元的社会带来了怎样的影响。

关于种族身分的主流观点很少产生对“他者”的积极看法，人类学家的职业必然要求他们具备对多样性的欣赏，他们中的许多人一直在努力消除种族主义的刻板印象及其影响。比如，在之前的章节中也提到过，他们做了诸多努力，为那些陷入困境的少数民族社区担当倡导者与辩护者、公开批评种族主义政策及其实施、调解冲突等。与其他研究领域一样，人类学家工作的一个重要部分是文化翻译：传播不同的现实和生活经验，创造一种积极、全面的身分“表征”，从而替代出现在媒体上的刻板印象。例如，在澳大利亚，贝恩·阿特伍德（Bain Attwood）和安德鲁·马库斯（Andrew Markus 1999）一直都积极参与知识分子运动，旨在让人们了解自殖民以来被忽略的土著人的历史。在英国，布莱恩·斯特里特（Brian Street 1975）对英国文学中“野蛮人”的描述进行了批判。而杰里米·麦克兰西（Jeremy MacClancy 2002）则一直在努力向人们证明“他者”不再是“外来的”。

然而，关于种族身分的观点并非总是消极的。例如，卡罗尔·特罗塞特（Carol Trosset 1993）对威尔士社区所作的经典民族志表明，刻板印象源于人们内心将自己视为是具有某些共同特征的一个种族群体，而这有可能会形成一种积极的约束机制。因此，威尔士人重新使用他们自己的语言，并将其应用于日常生活交流中。通过这样做，他们获得了更强烈的身分感知。而在地球的另一端，澳大利亚的原住民很机敏地打破了媒体将他们描述为“原始的”“前现代”人的负面刻板印象。他们用诸如崇尚“传统的”生态知识，进行长远、可持续的环境管理，以及“与自然和谐相处”等这些描述积极地进行了自我身分的重建（Hendry 2006），并强调了他们的文化所带来的艺术创造力（Kleinert and Neale 2000）。

与种族一样，民族主义也是一把双刃剑。它既可以作为一种思考身分的方式，从而促进团结和社区意识；也可以是一种用来定义“他者”的消极描述和一种具有攻击性的对待方式。罗伯特·福斯特（Robert Foster 2002）

追溯了巴布亚新几内亚不同社区（往往是处于交战状态的）如何通过与西方物质文化的接触，而逐渐形成了“民族”的概念。在更广泛的全球环境下，民族概念可以促使他们更集中、更有效地团结。另外，在马其顿工作的简·考恩（Jane Cowan 2000）和在前南斯拉夫工作的乔尔·哈尔彭（Joel Halpern）与戴维·基德克尔（David Kideckel 2000）等人类学家则专注于研究民族观念如何导致邻近社区陷入激烈的内部冲突，这也是后殖民地社会中存在的一个复杂问题。例如，在新西兰和澳大利亚，原住民群体长期以来一直在争取一种平等的双文化环境。但正如埃里希·科利格（Erich Kolig 2004）的研究显示，当代多元文化主义的压力往往会压倒这些努力。

除了种族和民族，还有其他拥有共同身分的文化和亚文化群体。如第四章所述，在美国，如环保主义等大型的社会运动也会促使不同社区的形成，它们一般有着共同的意识形态。这样的社会运动一般是基于阶级的存在而发生的。例如，沙里恩·卡斯米尔（Sharryn Kasmir 2005）对田纳西州的一家大型汽车厂进行了研究，探究了阶级身分是如何被调动以抵制劳资关系、维护工人身分的。由于宗教往往是形成大规模社会运动的基础，因此许多人类学家都将注意力转向对宗教群体的研究。例如，乔尔·罗宾斯（Joel Robbins 2007）以人类学视角研究了基督教，西蒙·科尔曼（Simon Coleman 2007）对宗教语言和宗教仪式的研究使他思考了互联网等技术促成的新的崇拜形式，而塔尼娅·鲁曼（Tanya Luhrmann）通过对伦敦新异教社区的研究，指出了“另类”社会和宗教运动的悠久历史：

> 我去了伦敦，在一个至少有几千人的亚文化群体中进行实地研究。这一群体中的人认为自己是女巫（witches）、巫师（wizards）、德鲁伊（druids）、卡巴拉（kabbalists）和萨满（shamans），或者认为自己受到了这些欧洲传说中的巫师们的启发与鼓舞。他们形成了如“女巫聚会”（covens）“共济会”（lodges）“兄弟会”（brotherhoods）等不同群体，这些群体都源自19世纪的一个群体——“金色黎明”，它是由三位持不同政见的共济会成员在唯心论和心理学研究的鼎盛时期创建的。（Luhrmann 2002: 121）

还有其他依赖互联网技术形成的“虚拟”社区。例如，史蒂文·克莱恩克赫特（Steven Klienknecht）对计算机“黑客”这一跨国的亚文化群体进行了研究，这一群体成员的共同兴趣在于破坏机构及其系统的边界。鉴于黑客可能带来的潜在危害，了解这一群体的动机显得十分重要。

表现身分

人们如何“表现和区分”他们自己是谁？正如在前面关于的教育一章中所讲的，语言本身是身分的关键“支柱”，它包含了特定的文化类别、观念和价值观，这也是为什么在多元文化社会中，少数民族群体将保留传统语言视为“保持自己”能力的核心。就像把复兴威尔士语作为定义威尔士身分的一个重要环节一样，世界各地的土著社区都在努力维护自己语言的活力。而在这一努力过程中，语言人类学家一直在发挥着重要的作用。语言学家通常会记录下整个语言的“正字法”，即使对当地语言的使用在某一时间段内发生了停顿（就像殖民主义破坏小规模社会时发生的情况），这种“正字法”的记录也能保证年轻一代同样能够使用这些语言。

殖民时代之前的澳大利亚有数百个不同的语言群体，其中，许多群体在宗教仪式上还有特殊的“宗教”语言。所以，要想保护这种多样性，势必有大量的工作要做。例如，在我工作的北昆士兰土著社区，就存在有三个不同的语言群体：伊尔约龙特语（Yir Yoront），可可贝拉语（Kokobera）和古吉拉特语（Kunjen）。自20世纪30年代以来，许多语言学家在此工作。比如，巴里·阿尔弗（Barry Alpher 1991）撰写了大量的伊尔约龙特语词典；菲利普·汉密尔顿（Phillip Hamilton 1994）为可可贝拉人编写了正字法；布鲁斯·索默（Bruce Sommer 1972）对古吉拉特语进行了长期的研究。

语言人类学家在许多地方其实都已经开展了类似的工作。例如，在新西兰，琼·梅奇（Joan Metge 1976）的工作强调了为什么坚持教学和使用毛利语是原住民社区身分的核心。而在北美，基思·巴索（Keith Basso 1996）对西阿帕奇的研究也使人们注意到了语言与“地方”关系的重要性。同时，他也提出，在理解人们的信仰体系以及人与环境的关系时，对这一关系的了解是必不可少的。

由于少数群体经常发现他们的传统被他们身处的较大社会的传统所包容，因此，对语言的保护和对被吸收或被同化的政治抵制往往紧密地交织在一起。甚至有时候，语言的使用本身就会成为争论的焦点，杰奎琳·乌拉（Jacqueline Urla 2006）对北欧巴斯克语复兴运动的研究就充分说明了这一点。她一直在记录巴斯克人保护巴斯克语的努力，据说，巴斯克语是欧洲现存最古老的语言。她的研究报告称，政府关闭了巴斯克语报纸，并逮捕了该报的编辑委员会（他们被指控与巴斯克恐怖组织埃塔ETA合作），这让当地民众愤怒不已，有成千上万的人走上街头抗议政府的决定：

> 对许多抗议者来说，关闭巴斯克语报纸意味着一种高强度的干预，将对恐怖组织埃塔的镇压延伸到了媒体和文化领域，并直接将巴斯克语本身定义为犯罪……如今，恐怖主义被认为无处不在，因此我们期待看到这种镇压行动的增加……（但是）巴斯克地区坚定的公民们并没有轻易保持沉默，他们筹集了资金并组织创办了另一家新的巴斯克语报纸。（Urla 2006: 2–3）

与语言密切相关的是口述历史，它也是进行身分建构和自我表现的一种重要形式。有句很经典的话如是说："历史是由胜利者书写的。"因此在官方记录中，殖民地或战败者的历史往往会被忽略。另外，这句话还强调了一个事实，即官方的"历史"（history）往往是"他的故事"（his-story），这也使得女性对历史的贡献变得不为人知。而且，这句话假定了历史是被书写的，因此并没有给不进行书写的人留下多少空间。但是，在那些非书写文化中，口述史却是人们日常生活的重要组成部分，它将知识代代相传，并使人们能够向自己和他人描述自己。保罗·康纳顿（Paul Connerton）的经典专著关注“社会如何记忆”，其中，乡村闲话甚至被描述为是一种“村庄非正式地构建其连续历史”的手段（Connerton 1989: 17）。

在过去的几十年里，为了不被官方的标准所局限，民族志学者们越来越多地进行口述史的记录。在澳大利亚，像杰里米·贝克特（Jeremy Beckett 1988）和道恩·梅（Dawn May 1994）这样的人类学家利用口述记录批判了在“官方”殖民记录中把土著历史排除在外的做法，并描述了土著人对殖民经历的看法。“在澳大利亚，各种声音混杂在一起，既有黑人的声音，也有白人的声音；既有官方的声音，也有非官方的声音；既有国家的声音，也有地方的声音；既有科学的声音，也有新闻的声音；既有宗教的声音，也有世俗的声音；既有感兴趣的声音，也有不感兴趣的声音。所有这些都在塑造着但也同时批驳着土著特有的结构（Beckett 1988: 7）。”

其他后殖民社会也出现了类似的问题。例如，玛丽·莫兹（Marie Mauzé）、迈克尔·哈金（Michael

Harkin）和谢尔盖·坎（Sergei Kan）对北美西北海岸社区的研究，以及兰尼努·沃克（Ranginui Walker）（2004）对新西兰毛利人历史的描述。

无论是口头描述还是书面记叙，历史本质上都是关于个人和集体经验的叙述。因此，保罗·安泽（Paul Antze）和迈克尔·兰贝克（Michael Lambek）将记忆定义为“文化再生产的基础”：

> 记忆既是身分的现象学基础（当我们隐约知道我们是谁以及了解造就我们的环境时），也是建构明确身分的方式（当我们为了了解自己而搜索记忆或者为了给人留下某种印象而讲述自己的故事时）。（Antze and Lambek 1996: xvi）

艺术与表演

文化不仅可以通过语言、口述历史和书面方式讲述自己是谁，而且，还可以通过对一系列视觉媒体的应用来完成文化表达。其中，艺术人类学就为我们提供了丰富的思想源泉，使我们能够了解人们如何维护和传达他们的身分、信仰和价值观。艺术史和文化研究有着重叠的部分，前者倾向于关注更大社会中的艺术、追踪特定的艺术“运动”，而后者通常则关注工业化社会下的一系列媒体（Power and Scott 2004）。专门研究艺术分析的人类学家也对这些变化感兴趣，但因为他们的研究更集中于当地或特定社区，所以他们会经常参与到与较小群体的艺术创作有关的工作中。而且，他们更加注重将其分析放在一个解释性的民族志背景下。

澳大利亚再次在这方面提供了一个活跃的研究领域。正如人类学家霍华德·莫菲（Howard Morphy 1998）、弗雷德·迈尔斯（Fred Myers 2002，2006）和彼得·萨顿（Peter Sutton 1989）的研究所表明的那样，土著艺术为我们了解土著文化的复杂性提供了一个极好的途径。土著艺术品已在国际上享有盛名，而且也已成为了国际商品，所以，土著艺术品现已成了土著社区的一项重要收入来源。因此，当代研究不仅探讨了这一艺术“在家中”发挥的作用，还考察了它如何协调当地社区和与其互动的更大社会之间的关系（Klienart and Neale 2000，Morphy and Perkins 2006）。

> 土著丙烯画的创作、流通与消费，构成了土著居民自我创造与“文化表现”过程的重要维度……

> 这是一个文化生产的混合过程，将土著画家、艺术评论家、民族志学家、策展人、收藏家和交易商聚集在一起。简而言之，这是一个“艺术世界”。（Myers 2006: 495）

人类学中有很多其他方法被用来研究艺术。例如，露丝·菲利普斯（Ruth Phillips 2006）研究了土著社区为游客制作的“纪念品艺术”，罗伯特·汤普森（Robert Tompson）则探索了撒哈拉以南非洲地区艺术批评的传统：“约鲁巴艺术评论家是一群意志坚定、声音清晰的专家，他们用语言衡量艺术品的质量……约鲁巴的艺术批评可能出现在舞蹈盛宴上，在那里，卓越的雕塑和舞蹈动作会成为一个备受关注的问题（Tompson 2006b: 242）。”

正如汤普森的研究所发现的，并非所有的“艺术”都与绘画或雕塑有关。例如，许多群体会穿戴作为其身分标志的衣服和物品。另外，还有一种终极的社会认同形式，即人们在自己的身体上绘画、纹身或刻上具有文化意义的设计。总之，所有这些都有助于体现人们的身分——只是通过物质的方式将它们具体化而已。

其他无形的身分表达形式也同样有其重要性，歌曲、舞蹈、故事、戏剧等表演往往是社区自我表达的核心部分。例如，佩妮尔·古奇（Pernille Gooch 1998）对北方邦的古贾尔人的研究表明，公共表演为他们提供了将其文化以“自然之声”的形式进行有益表达的机会。

类似的功能在人类学对舞蹈的研究中显而易见，正如约翰·诺曼（John Norman 1970）对苏族“鬼舞”的经典研究，以及乔伊·亨德利（Joy Hendry 2006）对一些土著社区的调查，他们都强调了舞蹈和表演在努力传达特定文化身分过程中的重要性。另外，如西蒙娜·亚伯兰（Simone Abram）、杰奎琳·沃尔德伦（Jacqueline Waldren）和唐·麦克劳德（Don MacLeod）的研究指出的，在当地社区为游客“表演”时，其身分往往会凸显出来:“人们继续用民俗服饰以及音乐、舞蹈、烹饪等习俗来代表他们的‘身分’……，并通过声明他们的身分地位来维护当地知识的权威（Abram， Waldren and MacLeod 1997: 5）。”

对舞蹈人类学的自然转变

乔纳森·斯金纳（Jonathan Skinner，贝尔法斯特女王大学社会人类学讲师）

我想告诉你们我是如何接触人类学的，以及作为一名人类学家对我来说意味着什么。在成长的过程中，我是非常幸运的:我的父母都喜欢旅行，我是他们的独生子。我经常和他们一起旅行，还参加了一些青年团。那时候的我虽然并不知道自己所做的意味着什么，但我写了旅行日记，也与芬兰、以色列和加拿大的人们进行了交流，并重走了马可·波罗之路。在英格兰完成学业之后，我在加拿大的一所学校交换了一年（我在参观的时候爱上了这座城堡），之后我就读于苏格兰的圣安德鲁斯大学。大学第一年选课时，我选择了人类学、心理学和哲学，因为我想看看它们究竟是在做什么。我对它们一无所知，学习过程也充满了挑战性:人类学非常不可思议，对它的学习让我就自己之前的旅行和交流进行了许多思考；哲学让我思考想法和行动带来的后果;心理学很有趣，但都是统计数据和多项选择题。在研究社会和人性中的攻击性时，我发现人类学和心理学有时是相结合的；然而，当我读到关于亚诺马莫（Yanomamo）和埃克人相关的资料，以及思考为什么在世界的不同地方会有如此大的反差时，我却对心理学家的泛泛之论感到很沮丧。

在圣安德鲁斯大学的暑假，我继续旅行，并在罗马尼亚教英语。这段经历给我提供了完成人类学本科毕业论文的素材，其中，我研究了罗马尼亚人和居住在特兰西瓦尼亚（是罗马尼亚的一部分，靠近德古拉城堡）的匈牙利人之间紧张的种族关系。在圣安德鲁斯大学读本科时我越来越喜欢人类学专业，我享受这样的时光，在校期间，我的生活也是非常丰富：给学生报写文章，去演戏，去运动，还在学生会工作。完成论文后我顺利毕业了，在离开学校后，我和各种各样的人混在一起，提问，聊天，喝酒，跳舞——所有的这些都是以研究的名义进行的。

当我毕业的时候，我想继续做这一切。我喜欢人与书的结合，我也喜欢人类学对生活在特定环境中的真实的人的研究，我沉迷于探索不同的世界。埃德蒙·里奇（Edmund Leach）称之为“蝴蝶收集”，并批评人类学家做得太多。但是我并不想回到罗马尼亚——我很喜欢那里，但是我不喜欢在就餐前，甚至是早餐前都要喝自制的伏特加（当然，是为了灭虫）。

在圣安德鲁斯大学读研究生的第一年，我通过给日本学生辅导课业和教授英语来养活自己，期间我阅读了大量关于英国殖民主义的书籍，并且转变了我的研究方向。现在，世界上只剩下几个英国殖民地，我在加勒比海发现了一个叫蒙特塞拉特的小岛。我是用贷款和教学收入养活自己的，所以我觉得自己有资格去这样一个地方进行实地考察。

蒙特塞拉特岛是个神奇的地方!它是加勒比地区的一个小型泪滴状岛屿，岛上的居民非常友好，很少有游客来这里，而且这儿有很多的狂欢活动和卡吕普索（calypso），它还与爱尔兰有着不寻常的联系——一些蒙特塞拉特人被称为加勒比海地区的“黑爱尔兰人”，当然，大家对这一点还是颇有争议的。然而，正当我在那里研究殖民关系时，火山爆发了。虽然我安全撤离了，但是除了笔记本，我的大部分衣服和财物都留在了那里。回到圣安德鲁斯后，我经历了各种各样的文化冲击。我离开蒙特塞拉特岛的速度如此之快，以至于我的一部分还留在那里。每次洗衣服时，洗衣机里的旋转震动都会让我感到心悸，当我回到岛上，遇到火山喷发、大地震颤时，我都会流汗。

写完博士论文后，我在社会学系找到了一份类似于人类学家的工作。此时，我的研究关注点已经转为观察火山爆发后人们的反应以及风险应对。后来，我成了《人类学在行动》期刊的编辑，我参加了各种会议，也就开始与世界各地的人类学家们合作，我鼓励他们在期刊上发表他们最新的应用人类学研究成果，从而使会议成果得以印刷出版并能在线查看。

长话短说，自2003年我搬到贝尔法斯特后，我一直在那里教授人类学。在博士论文写作期间，跳舞成了我的一项业余爱好，然后我发现它与我在加勒比地区的工作有很多有趣的联系，我进而研究了人们对风险和社区的看法:与谁跳舞，避免与谁跳舞，为什么跳舞，以及人们如何叙述和安排他们的日常生活等。目前，我仍然在写蒙特塞拉特岛上的情况，但我对跳舞的人更感兴趣。通过比较贝尔法斯特的舞者和加利福尼亚州萨克拉门托的舞者，我现在正在写一篇关于舞蹈作为克服临床抑郁症的一种非正式疗法的文章（我知道，需要进一步的实地研究，但总得有人这样做）。在贝尔法斯特，萨尔萨舞者们聚集在一起，这是新教徒和天主教徒融合以及克服过去困难的一种方式；在萨克拉门托，萨尔萨舞者们聚集在一起，这是拉丁裔移民重建“夜生活”并在另一个国家体会宾至如归的感觉的一种方式，即便只有短短的几个小时。同样的舞蹈，不同的含义，探究这个问题让我很着迷。

如果可能的话，我还会做同样的事。人类学给了我探索的空间，或者说是探索的理由。尽管我有时会想如果我错过了人类学的学习会发生什么，但我从来没有为自己选择人类学而后悔。

在许多方面，旅游业已经取代了殖民边界，而成为了不同文化相互交融并表现各自身分和特征的领域。随着全球化的发展，旅游业已经成了一个主要的产业（Reid 2003），而且，在这一产业中，政治和经济的不平等也变得愈加明显（Coleman and Crang 2002）。那些实力较弱的群体面临着艰难的选择：要么为了谋生而从事旅游业，要么为了满足较富裕群体的需求而抵抗“表现自我”的压力。例如，当一些地区对旅游业开放时，丰向红（Xianghong Feng）就曾发问:“谁是受益者？”

> 中国政府把旅游业作为一项重要的农村发展战略。地方政府和外部开发商共同管理和开发自然资源、文化资源以增加旅游收入。政府将开发权和管理权转让给大型的营利公司……宜人的气候、迷人的风景、“多姿多彩”的少数民族文化，以及新发现的进行了部分修复的明代“中国南方长城”是凤凰县的主要旅游景点。该项目涉及37.4万人和29个少数民族，占当地人口的74%。研究人员认为，这种公私合作的运营模式成功地为开发商创造了利润，并带动了经济增长。目前学术界开展的研究都是从权力和规模的视角来认识这一资本密集型发展模式对

当地社区带来的社会经济效益，以期能够明确决策者，并记录社会权力的分布，以及确定旅游系统中的成本和收益流。（Feng 2008: 207）

阿萨·多兰（Assa Doran）在瓦拉纳西市的研究很好地说明了这一点：

当代对第三世界旅游业的研究往往侧重于旅游业对当地居民产生的深远的经济、文化和环境影响。学者们认为，主客之间的这种互动其实反映了一种支配关系……富有的西方游客为寻找异国情调而去东方旅游，同时，依赖旅游业的当地社区为这些游客提供服务并迎合他们的需求。这种两极分化往往使“客人”成为变革的发起者，而“主人”群体的创造性和创新实践则被湮没……我研究了瓦拉纳西的船夫和他们在为游客展示这座圣城时作为文化经纪人的角色……也研究了船夫为满足自己的需要和愿望而采取的多种方式策略……船夫们很快就能把步调“调整到”与他们打交道的人相一致。此外，船夫与游客的近距离接触使他们能够批判性地看待西方文化以及他们自己的本土文化。（Doron 2005: 32）

因此，旅游业是对这些“文化碰撞”所产生的代表性问题以及随之而来的复杂的社会、经济和政治关系进行研究的一个硕果累累的研究领域。

与舞蹈和表演一样，音乐也是进行表达的重要组成部分，而“音乐人类学”作为人类学的一大分支领域，专门研究世界各地各个社区的音乐。这一领域的研究非常的多样化，例如，菲奥娜·马戈万（Fiona Magowan 2007）对澳大利亚北部用于哀悼的歌曲和仪式的研究，以及格雷格·布斯（Greg Booth 2000）对宝莱坞音乐的研究。

对艺术和表演的研究建立在人类学对仪式表现的长期兴趣的基础之上。所有的人类社会都有仪式：这些仪式本质上通常都是宗教或半宗教性质的，而且承载着强烈的文化意义。正如维克多·特纳（Victor Turner）——一个具有影响力的理论家所说，仪式是在赞颂群体的“价值观、共同兴趣和道德秩序”，从而阻止了群体的分裂，使其团结在一起（Turner 1982: 10）。因此，仪式能很好地展现文化观念，从而给我们提供洞察某一特定世界观的持续的见解源泉。佩尼纳·韦伯纳（Pnina Werbner）对西方社会圣诞节仪式的研究考察了这些仪式是如何创造荣誉和债务的“道德经济”并重建社会关系的。其研究发现，仪式还建立了父母和孩子之间、富人和穷人之间的等级关系，并在圣诞节期间将非基督教族群排除在“民族”身分的表现之外（Werbner 1996）。

仪式可以很好地表达宇宙论的观点，任何对社会信仰的民族志研究都必须考虑它们是如何在正式仪式中表现出来的。民族志研究中有大量的例子可以帮助我们进行理解：例如，西尔维娅·罗杰斯（Silvia Rodgers）对海军舰艇下水仪式的研究就阐释了仪式是如何将舰艇赋予生命并将其人格化为女性的：

> 乍一看，下水仪式就是舰艇从陆地到水中的交接过程，但是，我们很快就会发现，关键点在于这一仪式其实是将一个无生命的生命状态过渡到一个有生命的社会存在。从她被编号开始，舰艇就有了她的名字以及随之而来的其他特征，这包括赋予她个人和社会身分的一切：她的运气、她的生命本质、她的女性特质……这是我们社会特有的仪式，因为这样的仪式象征性地赋予艺术品以生命。英国皇家海军的成员，当然还有商船的成员，都认为一艘舰艇有她自己的生命、灵魂、精神、个性和品格。（Rodgers 2006: 231）

正如这个例子所说明的，物质文化不可避免地与文化价值产生联系。因此，有许多的人类学家开展了“事物意义”的研究。这与我们在第四章中探讨的人类与工作环境关系的研究相关联。该领域的研究表明，人们会在其周围所有的物质对象中寻求并发现意义，包括“自然”事物，例如水（Strang 2004）、树木（Rival 1998），或者他们制造的人工物品，这有助于维持他们的社会和经济关系，并表达特定的文化身分。

博物馆与文化遗产

民族志研究通常包括对图像、物质文化和社会数据的收集，这不仅指明了研究中的分析焦点，而且也说明其为文化身分表达的一个重要部分。正如本章开头所阐述的，身分是一种比较性的事物，它涉及的是自我表现和对“他者”的表征。谁掌控一个群体的代表性，揭示的其实是一种权力关系，这一点在摄影、电影和博物馆研究等领域表现得很明显，这些领域与“人类学家的工作”以各种方式相互交织在一起。从人类学这门学科初创开始，人们从对“其他”社会的早期人类学观点，逐渐转向了更具合作性的共同创造的形式（Mill，Babiker and Ntarangwi 2006）。这反映了人类学家和本地社区之间关系的变化，尤其是自20世纪六七十年代女权主义人类学家和土著群体提出激烈批评以来，建立在表征过程中凸显平等和共同掌控的互惠互利工作关系是极具必要性的。现在，与当地专家和学者合作渐已成为了趋势和标准。

这种转变在博物馆领域尤为明显。博物馆一直致力于代表文化现实，它也是许多人第一次接触“其他”文化群体观念的主要场所。民族志博物馆将物质观念带入一个空间，在这个空间里，人们可以对这些观念进行检验、解释和理解。在这一过程中，文化翻译的作用显然是至关重要的：“无论是在殖民时期还是后殖民时期，民族志博物馆和应用人类学家在表现和解释土著民族方面都发挥了根本性的作用（Stanton 1999: 282）。”

对人类学家来说，在博物馆工作不仅仅意味着设计和解说展览，它还涉及对不同文化群体之间关系和信息交流的协调。就职于西澳大利亚大学伯恩特人类学博物馆的约翰·斯坦顿（John Stanton）指出了两项重大的发展变化：第一，道德需要，以及所代表的文化群体的需要，促使这些社区更多地参与博物馆的运作和管理。第二，研究、展览和教育计划的发展使博物馆与作为（或曾经是）其展出文物来源的社区之间的联系更加紧密，这也使它们直接参与展览的设计和研究（Stanton 1999）。正如玛丽·布凯（Mary Bouquet）和努诺·波尔图（Nuno Porto 2005）所观察到的那样，博物馆现在正在参与到文化生产的合作和动态过程中（Bouquet 2001）。

从大型的国家博物馆，到社区为展现自己而建立的小型博物馆，人类学家一直都在为各种各样的博物馆工作并贡献建议和意见。在许多地方，尤其是在土著社区，由于自我表现的政治渴望，以及世界范围内旅游业的蓬勃发展，为展现自己而建的小型博物馆的数量正在迅速增加。

博物馆研究可以被拓展到更广泛的“文化遗产”领域，在这一领域，也有许多人类学家和考古学家投入工作（Shackel and Chambers 2004）。“文化遗产”领域的研究关注遗产的各种表现方式，例如景观、建筑、习俗、资源的使用、圣地的指定以及考古遗址，或者是那些能够随时间的推移而对文化进行概括的任何物体或活动。

文化遗产是一个快速发展的研究领域，总体来看，有几大原因促成了这一发展。首先，出于社会、政治和经济考虑，许多土著和民族社区热衷于定义和表达他们的身分，因此开展了许多文化遗产相关的工作来要求对土地或资源的所有权的认可。同时，前面提到的旅游业也在鼓励社区更积极地描述自己的身分方面产生了重要的影响。而且，有时为了从游客那里获得收入，人们会将他们的“文化”商品化并进行营销。

但文化遗产并非只是少数民族或土著社区感兴趣的东西，它也被更大范围的社会用来确认自己对土地的所有权（特别是在后殖民环境中），另外一点，文化遗产也会带来丰厚的旅游收入。而且，在这个不断变化和分裂的世界，文化遗产能提供一种有效的方式，从而帮助人们构建一种根植于本土的、有意义的身分认同，并感知自己是所在社区的一部分。人类学中有句古谚语如是说：积极的自我表现通常来自那些其身分在某种程度上受到威胁的少数民族。但是，在如今日益国际化的社会环境中，很多人都会感受到这种压力。

玛丽·拉·洛内（Mary La Lone 2001）的工作是个很好的例子，她参与了保护阿巴拉契亚山脉煤矿时代遗留下的矿业遗产的工作。关于那个时代的知识正在逐渐消失，直到一群以前的矿工和他们的家庭组成了一个本地遗产协会：

> 作为一名新河谷瑞德福大学的人类学家，我见证了该小组的活动，并且认识到为记录和保存这一

> 矿业遗产知识，有必要以口述历史的形式给他们提供人类学援助。现存的书面记录寥寥无几……关于采矿生活的大部分知识保留在采矿家庭长者的头脑中，他们都已经50多岁了，而且有时候，在其记忆还没被记录的情况下，他们甚至就已去世。（La Lone 2001: 403）

拉·洛内推动建立了大学与社区的合作关系，该合作关系曾是该项目的基础。现如今，她致力于创建一个煤矿文化遗产公园，以纪念作为社区景观重点项目的矿业文化遗产。

许多国家的文化遗产工作是由发展和立法要求驱动的，以明确重要的文化艺术品或景观是否会受到发展带来的物理重组的干扰或破坏。在这方面，菲利普·摩尔（Philip Moore）作为遗产顾问的工作很好地论证了这一点："1987年至1991年期间，我作为一名顾问进行了大量的工作，在此之后，我也会从事零星的顾问工作。我的工作主要是（但不限于）为矿业公司服务，这些公司设法履行他们在土著文化遗产保护中的义务，以便使资源开发项目能够继续进行（Moore 1999: 230）。"

但是，文化遗产不仅仅只是对过去的关注，人类学家还思索了人们是如何创造地方和物品来纪念和理解现在的。例如，西尔维亚·格赖德（Sylvia Grider）的研究考察了人们创建公共纪念馆纪念1999年科拜恩高中枪击事件的艰难过程（Grider），而彼得·玛格丽（Peter Margry）和克里斯蒂娜·桑切斯·卡雷特罗（Sanchez-Carretero）则发现，自发建造神龛作为对待悲剧事件的一种方式也变得越来越重要：

> 1997年威尔士王妃戴安娜（Diana）的不幸离世，在世界地图上牢牢地留下了临时的纪念场所或自发建造的神龛。在随后的集体悼念时，世界各地都竖立起了纪念碑，上面有鲜花、蜡烛、信件、图画、留言、毛绒动物和玩具……类似的行为也出现在对其他受人爱戴的公众人物英年早逝的反应中——例如1977年猫王埃尔维斯·普雷斯利（Elvis Presley）和1986年奥洛夫·帕尔梅（Olof Palme）的不幸离世……然而，直到戴安娜王妃去世后，公众才形成了这样一种有持久仪式和象征性活动的死亡纪念形式……因此，这些纪念碑成了研究国家以及国际记忆如何构建的理想对象。（Margry and Sanchez-Carretero 2007: 1）

电影与摄影

许多类型的表征活动都会涉及电影和摄影，并且与博物馆和其他传达身分的机制一样，在很大程度上也取决于谁控制着这一过程，以及这一过程是自由选择的自我表现，还是由他人决定的自我表现。殖民时代产生了许多对土著或部落社区的看法，这些看法认同“原始”“野蛮”和“外来”等进化观念，并支持高度不对等的权力关系。迄今为止，这一问题仍然存在。例如，伊丽莎白·爱德华兹（Elizabeth Edwards 1996）对世界各地明信片的研究表明，在目前对土著或少数民族的描述中依旧存在上面的这些看法；大卫·特顿（David Turton 2004）对戴着巨大唇盘的穆尔西人的旅游照片的研究也发现了类似的问题：游客们觉得这种唇盘很迷人，当然也很上镜。

与摄影相关的这些问题同样也与电影有关。民族志电影是传播文化知识的一种主要工具，而对这些社区的描绘中关于道德规范的争论也类似于博物馆里正在进行的争论，只是在博物馆里，那些被展现的群体有了越来越多的参与权和控制权。很多社区，如南美洲的卡亚波，一直都在非常积极地通过录像和电影来表现自我（Turner 1992），或者在这方面与人类学家合作。当地学者马西娅·兰顿（Marcia Langton 1993: 10）认为“自我表现本身以及审美和智力陈述的力量是重要的干预手段之一”。

大众电影和媒体对不同文化群体的刻画和描述也是人类学家研究的一个重要领域，它为种族、身分以及“他者”等观念的研究工作提供了很多有用的数据信息。帕特·卡普兰（Pat Caplan）最近对《部落》等电视连续剧及其模仿者对“外族人”的表现方式进行了分析。其中，电视节目主持人与部落人民一起“生活”（虽然只有几周时间），并将其称为“人类学”（Caplan 2005）。

谁主导这一表征过程？这显然很重要。在《小姐弟荒原历险》（1971）、《鳄鱼邓迪》（1986）、《上帝也疯狂》（1980）等电影，以及最近的《末路小狂花》（2002）、《十只独木舟》（2006）中，对于土著人形象的刻画与展现几乎完全都是由土著人自己创作的。

正如君兴（Jun Xing）和莱恩·平林（Lane Hirabayashi 2003）指出的那样，即使电影可能造成文化身分的刻板印象，但是，和我们描述的所有身分表现形式一样，电影仍然是一种强大的教育工具，它可以促进跨文化的交流。从更广泛的意义而言，托马斯·海兰·埃里克森（Tomas Hylland Eriksen 2006）认为人类学家需要积极主动地与所有媒体接触。当然，在这个领域，人类学家还有很多精彩的、有趣的工作要做。

去看电影

理查德·查尔芬（Richard Chalfen，媒体与儿童健康中心，儿童医院/哈佛医学院，波士顿）

关于人类生命的起源，我们知道些什么?人们每天都在做些什么?正是对这些问题的思考，让我在宾夕法尼亚大学读书时选择了人类学。一位大学朋友给我指了指《国家地理》杂志上那些描绘旧石器时代日常生活的图片——有点像我们现在在《火之战》《洞熊家族》《史前一万年》，甚至卡通片《摩登原始人》等这些电影中看到的东西。我不禁思考：这些图片来自哪里?我们是怎么知道这些的？抑或这些完全都是虚构的?

不久之后，我对当代生活的变化充满了强烈的好奇心，我发现相比于这些生物学问题，我对社会人类学和文化人类学更感兴趣。我重温了几部讲述生活在遥远异国他乡人们生活的纪录片，尽管其中的讲述很吸引人，但我也怀疑：我为什么要相信在这些电影中看到的关于其他生活方式的东西？我只是“去看电影”，还是说这一次有什么不一样？关于图片和图片展现的问题一直困扰着我。因此，我意识到自己需要去更多地了解是谁制作了这些电影以及制作这些电影的方式。后来，我接触到了“影视人类学”，它将人类学和电影制作技巧进行了结合。简而言之，进一步的学习和探究是非常必要的。

作为一名主修人类学专业的医学预科毕业生，一开始，我面临着令人沮丧的选择。因为我来自一个医学世家，我的父亲和哥哥都毕业于同一所医学院，所以我曾想，也许我应该做和他们相同的事。然而，毕业后我在杜兰大学攻读了人类学研究生学位，后来又去宾夕法尼亚大学学习电影和影视传播。

在宾夕法尼亚大学安纳伯格传播学院，我的一位教授获得了美国国家科学基金会的研究资助，用于对纳瓦霍人开展实地研究。他打算让纳瓦霍人制作讲述他们生活的16mm胶片电影，因此他需要一位文化人类学家和他合作。所以，在1966年的夏天，我成为了“透过纳瓦霍人的眼睛”（Worth and Adair 1997）这一项目的研究助理。这一段经历让我足足兴奋了40多年。

作为一名刚毕业的学生，又因为我在纳瓦霍的研究经历，我联系了宾夕法尼亚医院和费城儿童指导诊所，向他们提出与当地青少年一起拍摄16mm胶片电影的提议。基于从纳瓦霍研究项目得来的方法、结果以及发现的新问题，为寻求都市人类学和影视人类学的融合，我想证明一个人其实不需要旅行2000英里，也并不需要与土著群体一起工作才能记录电影中的文化差异。我和我的同事认为，作为一个多元文化的社会，费城包含了许多看待“相同”环境的不同方式。我旨在证明，如果以一种“中立”的方式（至少在理论上）引入电影制作，那么在记录这种多样性时，技术方面还是能够达到要求的。我向不同的青少年群体提出如何看待自己、如何理解他们自己的生活、如何在城市中生活等问题。例如，我会提问：种族划分、社会分层和性别如何影响他们的电影制作？就这样，我开始研究社会文化因素与影视传播模式之间的关系。

作为一名诊所的顾问，我能够与不同文化背景的青少年群体一起发展“社会纪录片制作”的概念。我的第一个项目是与一群非洲裔美国女孩一起开展的，她们都是前帮派成员（“奉献灵魂姐妹” Dedicated Soul Sisters），她们被认为是潜在的“少女妈妈”。当把她们制作的影片呈现给诊所的医务人员时，心理学家、精神病学家和社会工作者都十分欣喜，因为他们发现了一个能对病人有更深入了解的全新的、有意义的方式。这些电影为他们打开了一扇透明的“生活之窗”，让他们可以看到来自不同种族的病人的生活观念。就这样，诊所工作人员把我学术上的研究发现加以应用来解决儿童指导诊所遇到的实际相关问题，而我则投身于应用影视人类学的研究。

1995年，我和波士顿一名推行VIA（视频干预/预防评估 Video Intervention/Prevention Assessment ）的医生迈克尔·里奇（Michael Rich）一起工作。VIA是一种研究方法，它给患有慢性病的儿童和青少年创建视频日记的机会，并让他们“教会你的临床医生忍受自己的病情究竟意味着什么”。他们的叙述中包含了他们的疾病、健康和保健经验信息，这些信息被用来改进临床处理程序（特别是调查表），并被用于指导医学教育的多个阶段，做这些的最终目的都是为了提高对患者的护理质量。

我的研究一直集中在对医学、影视学和应用人类学之间关系的探讨上，这也是我的长期兴趣点所在。在后来的医学研究过程中，我找到了早期关于人类学和电影传播问题的满意答案，而这也为“作为人”的研究贡献了新的知识。在一个似乎越来越可视化的世界里，人们如何看待事物、如何看待和理解这个世界，以及他们如何通过影视技术将这些信息传达给他人，对这些方面的进一步理解和应用是具有重要意义的。即使这一领域尚处在起步阶段，但是将摄影和录像技术与人类学相结合应用于实际环境，已被证明是一项令人着迷而且富有挑战性的工作。

结 语

应用人类学

在本书中，我仅对人类学家在一些主要的人类社交及文化活动领域中从事什么样的工作提供了一个概观。然而，有了能够使研究者理解并阐释社会行为的理论和方法论的“工具箱”，人类学在人类生活的各领域中就没有不能应用的地方，它有可能被应用在人类生活的任何，乃至所有领域。

潜力似乎是无限的

罗伯特·特罗特（Robert Trotter，北亚利桑那大学）

在我看来，有些人几乎在所有领域都应用了经典的人类学的理论和方法。我现阶段从事医学人类学和企业人类学这两个领域的工作，过去还曾服务于人类学的其他主要领域（比如教育、移民、传统治疗等）。人类学的应用潜力看起来似乎是无限的。我做过很多有趣的事情，而且每天都会发现更多值得去做的事。我以前的学生经营着他们自己的公司，既为联邦政府和州政府工作，也为非盈利组织提供服务，小到小微团体和小焦点，大到国际团体和国际事务皆有涉及。同时，他们还以人类学家的身分给企业工作。

我从事应用人类学研究已有30年，并且打算继续做下去，这是一段非常美好的时光，因为我与来自不同领域的优秀的人共事，在许多不同的项目中还从事跨文化的工作。

在阐述“人类学家是做什么的”时，我给出的这些例子并未刻意地将就职于大学的人类学家与受雇于其他机构的人类学家，或是以咨询师或者顾问身分工作的自由职业者之间加以区分（因为我认为这是误导）。事实上，所有的人类学家都在以不同的方式应用着人类学。因为我们这些就职于大学的人类学家通常直接对社区进行研究，所以我们所做的研究容易被描述为是“应用型的”，并且，即便是那些最抽象的理论也会渗透到政策和实践中去。与此同时，那些作为咨询顾问或是受雇于其他机构的人类学家也对该学科的理论发展和民族志经典研究做出了贡献。

跨学科性质的人类学

讨论人类学的跨学科性着实超出了本书的范围，但有几点值得在此一提。人类学家经常发现自己需要与其他学科领域的人一起共事，不仅要与社会科学领域的人合作，而且越来越多地需要与自然科学领域的人合作。例如，在环境领域，需要与植物学家、生物学家、生态学家、水文学家和气候学家合作；在治理领域，需要与政治学家、经济学家合作；在教育和健康领域，需要与社会学家和心理学家合作；在健康领域，需要与医学专家合作；在城市规划和住房领域，需要与建筑师和工程师合作；在博物馆和其他代表性领域，需要与艺术史学家、考古学家合作；而在法律领域，则需要与律师合作。其实这一枚举名单还可以继续延伸，从中我们可以发现，人类学与其他学科领域的合作有着无限可能的多向性。

合作研究是一项具有挑战性的工作，特别是与自然科学学科相结合时，因为相比于人类学理论提供的宽泛的概念框架，自然科学学科中的概念方法要更加专业化。就像处理任何不同党派之间的关系一样，要实现良好的平衡也需要很多努力（Strang 2007）。但是，跨学科研究是非常具有创造性的，而且也容易产生回报，因为它能够给复杂问题的解决贡献新的富有想象力的方案。有人认为，在处理环境恶化和全球化等这些更大、更复杂的问题时，我们需要采取一系列的分析方法，才能有所作为，所以说，跨学科研究是未来发展的趋势。为了迎合这一趋势，资助机构也在鼓励合作研究，并致力于推动自然科学领域和社会科学领域之间的交融合作。

人类学家在接触其他学科时具有优势：他们在文化传播方面的训练意味着他们具备学习其他学科语言和思维方式的“内部”视角。这不仅使他们成为良好的合作者，还可以使他们成为跨学科合作项目中不同群体之间的良好调解者。人类学为跨学科研究做了几大主要贡献。整体的、“让我们看到全貌”的理论方法可以为更专业的学科模型提供有用的框架。人类学还提供了基于民族志研究的洞见，以了解事物所发生的当地环境的复杂性，从而阐明了“方程式中人的一面”，并揭示了驱动人类行为的社会因素和文化因素。例如，在我与教科文组织的合作经历中，我主要与生态学家和水文学家合作，他们研究的是人类活动对河流系统的物理影响，而社会科学家在该项目中的部分任务则是从社会和文化的视角探究驱动这些活动的因素。事实上，构建人人都能参与其中的概念框架，以及在不同学科之间进行大量的“跨文化翻译”（有时候是解决冲突），对我们而言也是同等重要的。

人类学的迁移应用

并非所有学习过人类学的人都会以“人类学家”的身分受到聘用。有些人将其作为进一步学习的坚实基础，也有些人则将他们掌握的人类学技能应用到了不同的工作领域。这门学科的魅力之一就在于它提供了可以被迁移的，能够应用于其他职业路径中的专业知识。其中，人类学技能被应用最多的是那些“以人为本”的职业，如社会工作、人力资源、咨询、冲突解决、调解、教育、慈善、非政府组织工作、外交、政府管理、保护、旅游、法律工作……对政界人士而言，掌握人类学的技能也很有用，例如莫·莫勒姆（Mo Mowlam），她曾在杜伦大学学习人类学，后来升任新工党北爱尔兰事务大臣，她是：

……一位与众不同的政治家，为新工党注入了新的活力。她帮助新工党实现了现代化，并为北爱尔兰开辟了一条通往和平的新道路。能取得如此成就，很大程度上是因为她的个性，另外，也得益于她对政治的广泛理解，以及她在处理人际关系和社区事务方面的效率。这显示出人类学的学习对政策制定者和政治家所带来的持久价值。（Bilsborough 2005: 28）

人类学技能也会被转移到其他不那么明显的领域，比如社会科学出版业、科学写作和新闻业等。例如，马库斯·赫尔布林（Marcus Helbling）发现，作为一名体育记者，他常常会用到自己掌握的人类学技能：

我从来都不是一名人类学家，在学习期间，我就开始做体育记者，但我一直试图在体育运动中发现人类学的问题。后来，我有机会担任了一家报纸的记者。如今，我在瑞士电视台做记者。大多数人类学家思想开放，对“他者”很敏感，而且也充满了兴趣。他们具备成为掌握广泛研究方法的科学家

的优势。而且，人类学领域的研究方法通常也会被用于新闻业。（人际沟通，2006）

在将他的人类学研究生涯搁置了25年之久后，罗伯特·莫莱斯（Robert Morais）开始不由自主地分析他所参加过的广告公司创意会议，并撰写相关的文章（参见第六章）：

> 1981年，我离开了人类学的学术研究领域，成为了一名广告经理……2006年年中，我加入了一家市场调研和咨询公司。基于1981年至2006年期间在美国大中型广告公司工作期间参加的数千次创意会议，在这一领域工作25年后，我写了自己的第一份报告……它与谢里（Sherry）提出的“参与观察”，以及与肯珀（Kemper）所说的“广告高管是严格意义上的民族志学者”密切相关。（Morais 2007: 150）

实际上，无论从事何种职业，即便是从事那些并不直接关注“人”的问题的职业，具备批判性分析的能力，以及很好地理解团队和组织运作方式的能力，这无疑是一大优势。

成人礼

米兰达·欧文（Miranda Irving，伦敦大学亚非学院）

在顺利获得人类学学位后，我很幸运地成为了一名研究生，得以继续在苏门答腊的巨港做研究工作。田野调查是有趣的、具有挑战性的、带有强烈情感的，而且也是刺激的、艰苦的和鼓舞人心的，我觉得这才是真正的“成人礼”。我的计划是能够在国外继续从事社会研究工作，然而，当时的我却无法继续攻读博士学位。

尽管如此，学习和“做”人类学的经历给了我一个独特的视角，我将其带到了我的工作中。例如，研究生毕业之后，我做了几个月的临时秘书工作。其中，持续时间最长的一次是在贝德福德的一个政府打字组工作，打字组是展现工作场所“文化”的一个很好的例子。当和其他一排排打字员一起，坐在办公桌前，敲击着打字机键盘的时候，我感觉自己已成为这一群体的临时组成部分，我也对其进行了观察。我发现，“组”就像一个微观的社会，有着它自己的仪式、行为准则、等级制度、分歧和冲突。虽然我的观察并没有给我的工作带来什么帮助，但对这个微型社会的参与和观察给我这原本极其无聊的工作增添了很多的乐趣。

在其他时候，我的人类学背景显得更加有用。几年之后，我在苏塞克斯当地的一个社区委员会担任一个社区护理项目的研究助理。这项工作包括直接的实地工作，比如参与观察，以及面对面访问老年人和支持网中的成员，以了解他们对提供护理的看法。我前往三个田园诗般的村庄，去了日托中心，参加了社区活动，还去了人们的家里。我采访的这些老人都非常独特，他们每个人都有自己独特的策略来保持健康、维持联系、感知意义和获得安全感。在访谈过程中，我们喝了很多杯茶，原本只需要一个小时的采访最终因为我们的深入交谈而持续了很长时间。

在个人层面上，我发现每个人都建立了支持网，以确保他们能得到照顾。这个发现很有趣，这也对我自己未来的老年生活有所启发。

这项研究也有其现实意义。之后，我花了一个月的时间为该社区委员会撰写了研究报告，同时，我和我的导师基于调查结果和分析，也提出了一些政策建议。该报告由社区理事会出版，并在国内和国际上发行。人类学作为“人们的声音”，在政策实施过程中发挥着有效而重要的作用，我认为我的报告在其中也起到了一定的作用。

然后，命运将我带到了阿曼。在那里，我的身分只是一个外籍妻子，但很快，我就与一家大型工程咨询公司取得了联系，并在那里找到了一份社会学家顾问的工作。他们正在该国农村地区开展一项灌溉项目，想编制一份调查问卷发给该地区的所有农民，因此他们需要社会科学家的协助。工作初期，我需要帮该公司设计一个农场调查，其目的是对该地区的社会和家庭结构有一个大概的了解，并试图了解社会和家庭结构与农业实践和现有的非常复杂的输水道这一灌溉系统之间的关系。在这项工作的推动下，后来我又参与了其他另外两个项目:一个是研究沿海地区的传统捕鱼方式，另一个是评估在该国偏远山区修建水坝的可行性。

从那开始，我搬了无数次的家。作为一个“随迁配偶”，我总是到处移动，这导致我一直无法追求连贯的职业生涯，更不用说是在社会研究中工作了。但是，这并不意味着我的人类学技能和经验就被浪费了。对我来说，人类学是一种观察生活的方式，而且，无论做什么，你都可以用到它。人类学帮助我们在一个更加宽泛的框架内去了解自己，并认识我们与他人的互动。它引导我们去理解另一种观点，使我们看到事物的多面性。而且，它从不认为思想或存在方式是固定不变的。另外，人类学也揭示了生活的丰富，并使人们接受这种多样性。

在回到英国后，我决定从事新闻事业，我的人类学学科背景不仅在研究和采访技巧方面，还在做笔记、观察以及一般分析能力方面，都发挥了其优势，给我带给了很大的帮助。二十三年过去了，我最后终于回到了大学继续攻读博士学位。

什么样的人会成为人类学家

从本书所给的一系列例子中可以看出，人类学是一个包含多元文化、充满职业多样性的领域，而且正迅速变得更加多元。该学科源于欧洲学者与众多东道主社区之间的交流，但如今，在所有国家和许多亚文化群体中都有专业的人类学家，当然还包括一些出身土著的人类学家。“人类学家是做什么的”，这一问题答案的多样性意味着该学科对源于不同文化背景、兴趣、信仰、意识形态和目标的人都有着同样的吸引力。

然而，人类学家有其共同之处。我认为最重要的一点是他们都有着强烈的好奇心，他们想要去了解这个世界是如何运作的，以及人们为什么会这样做；他们想看到“全貌”，想搞清楚究竟发生了什么。伴随着这种强烈的求知欲，他们必须能够系统地、严格地收集、管理和分析大量的数据，这也表明他们需要具备良好的组织能力和纪律。即使人类学家是在“家中”工作，他们也必须适应变化：身处陌生的环境，与陌生人打交道，从事不熟悉的活动，吃不同的食物，尤其要以一种非评判的方式对待那些可能与自己完全不同的想法和信仰。显然，如果他们倾向于喜欢并接纳别人，并且善于与人相处，这对研究是非常有帮助的！

虽然本书旨在阐述“人类学家做什么”，并指出人类学的实际应用和与之相关的潜在职业方向，但我最后想以对“人类学家为什么这样做”的评论作为结束。为什么人们会选择做这个要求很高的事情呢?在本书包含的自传阅读部分中，做这件事的一些动机已经有所体现。其中，显然有一些实用主义的缘由:人类学的学习给从业者提供了更多的职业选择，也培养了他们的职业能力。它还具有灵活性，即在任何领域、任何环境中几乎都可以应用到它。但是，关于“人类学家为什么这样做”，也存在其他更深层次的动机。对一些人而言，人类学是一门理解和潜在地引领社会变革的科学。正如凯·弥尔顿（Kay Milton）所言:“我建议任何想改变世界的人都去学人类学。因为，我们越了解自己，我们就越有可能做出改变，从而才能创造更加美好的未来”（参见第四章的自传）。因此，对我们许多人来说，学习人类学就是去做一些有意义的事情，以期能用积极的方式来推进事情的发展。

感到自己的时间被有效地利用，而不是浪费在毫无意义的事情上，这无疑是非常棒的。另一让人开心之处在于解开人类行为之谜带来的乐趣，毕竟理解表面之下发生的事情总是令人非常满足的。然而，也许最重要的一点在于人类学是令人兴奋的：人是非常复杂而且多样化的，所以总是有更多的东西值得我们去学习，也有很多有趣的事情值得我们去探索。同时，实地工作也带来了许多的新经验。因此，人类学的职业往往是一种智力上的冒险——一段通往有趣的想法、有趣的人物和有趣的地方的旅程。

附录　学习人类学

在大部分教育体系中，人类学的学习主要有三个层次：本科生学历、硕士学历和博士学历。在本科阶段，人类学很容易和它的“姐妹”学科如考古学、历史学、政治科学、社会学、人文地理学相结合。其他领域，如发展研究、环境研究、教育学、心理学、企业管理、建筑学和城市规划这些领域也可能与人类学进行结合。很多本科课程有一个学年，专门引导学生接触实际研究和进一步的学习。

有时候，在硕士阶段从人类学转到其他学科也是有可能的。这需要集中的课程学习，且在第二年聚焦于研究。

人类学的本科学位，或硕士学位对于将人类学技能引入到不同职业中都是有用的资格证明。拥有两者之一也可以考虑进行博士研究，而博士研究是作为一名专业人类学家从业的资格。当学生们达到这个阶段时，他们通常会寻找一个可以在他们想要学习的领域里提供有经验的指导的大学院校。有时，他们也会直接接触研究兴趣最接近自己的人。由于人类学是“起源的”学术学科之一，所以在许多知名大学中都有这一学科。在思考去哪儿学习时，学生们应该考虑一所大学是否有一个学科建设比较成熟的人类学系，是否有专业的人类学家作为教师和活跃研究者在这里工作。

从大学官网上可以很容易地获得这些信息，而快速搜索可以找到每个国家的大学名单及它们的联络方式。大部分学校也很乐意向未来的学生发送更多信息。很多大学会举行学校开放日和职业日，在这些活动中可能能够见到教职工并与之交谈。大学官网也列出了校方专门负责每个学习阶段的申请的人。

学生们也可能想要浏览人类学协会网站和刊登人类学研究的期刊以对本领域的现状有更多了解。

专业词汇表

Alternative Dispute Resolution （ADR）, mediated conflict resolution framework, presented as an alternative to adversarial legal methods.

替代争议解决方式：也称选择性争议解决方式，调解性的冲突解决框架，作为对抗性法律方法的替代方案。

cosmology, cosmological beliefs, a particular group's or society's vision of 'how the world works', which may be religious and/or secular.

宇宙论，宇宙信仰：有关“世界是如何运行的”这一问题的特定群体视角或者特定的社会视角，可以是宗教性的观点也可以是世俗的观点。

counter-mapping, the creation of culturally specific maps that present an alternative to dominant representations of landscape.

抗衡性绘图：构建文化上特定的绘图，以作为占主导地位的景观表现的一种替代或者并行补充。（注：有台湾学者将counter-mapping译为“反绘制”。counter指存在的另一种作用相等、地位相当的个体或方法，斟酌再三，本文译为“抗衡性绘图”。）

cultural landscape, a physical and ideational landscape formed by specific cultural beliefs, values and practices.

文化景观：是由特定的文化信仰、价值观念和实践活动所形成的一种物质的、理想的景观。

cultural mapping, a process of collecting data on a specific cultural landscape, sometimes linked with ‘counter-mapping’.

文化绘图：收集特定文化景观数据的过程，有时与“抗衡性绘图”相联系。

cultural translation, a role often carried out by anthropologists, which entails interpreting the realities of a particular cultural group to others （and possibly vice versa）.

文化翻译：人类学家经常从事的一种工作，它需要向他人解释特定文化群体的现实（也可能反向解释）。

diaspora, a cultural, religious or ethnic community dispersed internationally.

散居: 分散在全球的文化、宗教或种族群体。

discourse, a specific, culturally and historically produced way of describing the world.

话语：一种特定的、文化上和历史上产生的描述世界的方式。

discourse analysis, the process of analysing and revealing the ideas and values embedded in particular discourses

语篇分析：分析和揭示特定话语中蕴含的思想和价值的过程

empirical, based on evidence: experience or experiment.

实证的：基于经验证据或实验证据。

epidemiology, the scientific study of epidemics.

流行病学：有关流行病的科学研究

epistemology, the science of knowledge.

认识论：有关知识的科学。

ethnobotany, ethnobiology, ethnoscience, local （often indigenous） forms of knowledge relating to flora and fauna, and to the material environment. Can be subsumed under the broader term, ‘traditional ecological knowledge’.

民族植物学、民族生物学、民族科学：与动植物和物质环境有关的地方性知识形式（通常是土著的、本土的）。可以属于广义的“传统生态知识”范畴。

ethnography, an in-depth, holistic account of a particular group or community.

民族志: 对特定群体或社区的深入、全面的描述。

globalization, the transformation of local or regional phenomena to a global scale; an idea of a unified global society and economy.

全球化：地方或区域现象向全球范围的转变；一个统一的全球社会和经济的理念。

governance, the control and direction of a society or

group.

治理：对社会或群体的控制和引导。

hypothesis, a theory to be proved or disproved by reference to evidence, a provisional explanation.

假设：需要通过参考证据来证实或证伪的理论，或者说是一个暂时性的解释。

lexicon, dictionary.

辞书：辞典

life course analysis, an ethnographic method that involves examining people' s life histories within a particular context.

生命历程分析：一种人种志研究方法，包括研究在特定背景下人们生活的历史。

NGO-graphy, the study of non-governmental organisations and their activities.

非政府组织志：有关非政府组织及其活动的研究。

orthography, a word list recording an oral language, and applying linguistic expertise in ensuring consistent spelling and pronunciation.

正字法/正字学：记录口头语言的单词表，并应用语言学的专门知识确保拼写和发音一致。

participant observation, a research method that entails participating in the daily life of the study community, and observing and recording events

参与式观察：研究社区时，一种需要参与进日常生活的研究方法，以观察和记录事件。

participatory action research （PAR）, collaborative research that assists communities in the achievement of their aims.

参与式行动研究（PAR）：协助社区的一种合作性研究，以帮助各个社区实现目标。

pedagogy, the science of education, methods of teaching and learning.

教育学：有关教育，教授与学习方法的科学。

political ecology, the study of how social, political and economic factors affect environmental issues.

政治生态学：研究社会、政治和经济因素如何影响环境的学科。

positive correlation, a statistical term defining factors that occur simultaneously, suggesting a causal relationship between them.

正相关：一个统计学术语，描述同时发生的因素之间的关系，表明它们之间的相关关系（如，A与B正相关，A增长时B也增长），甚至因果关系。

social movements, the spread of ideologies across groups nationally or internationally, creating agitation for change.

社会运动：意识形态在国家或国际上跨群体传播，引起变革的风潮。

social organization, the particular system of social relations pertaining in a society or cultural group; its forms of descent and inheritance.

社会组织：一个社会或文化群体中特殊的社会关系

体系；它的血统和遗传形式。

spatial relations, the spatial distribution of people in relation to a material environment and/or landscape in accord with specific cultural norms.

空间关系：指人与物质环境，以及/或者与景观之间符合特定文化规范的空间分布。

traditional ecological knowledge （**TEK**）**,** specifically cultural （often indigenous） knowledge about local ecosystems （see also ethnobotany, ethnobiology and ethnoscience）.

传统生态知识：关于当地生态系统的文化知识（通常是本土的，参见民族植物学、民族生物学和民族科学）。

参考文献见二维码